钩织步骤全图解收藏版

钩出超可爱迷你小饰物精选集

日本美创出版 编著　何凝一 译

中国民族摄影艺术出版社

目　录

PART 1 …… P8

时尚小物

PART 2 …… P24

甜点、食物

PART 3 …… P44

鸟、动物

基础课程……P4、94~96

重点课程……P4~7、84

本书用线的介绍……P88

钩针钩织的基础……P92

刺绣的基础、其他基础索引……P96

PART 4 ······ P68

人气花样

＊ 重点课程中，为了使解说更清晰明了，图片步骤中特意更换了线的粗细和颜色。

＊ 印刷物的关系，编织线的颜色与颜色号多少会存在偏差。

基础课程

刺绣线的使用方法

1 抽出刺绣线的线头。

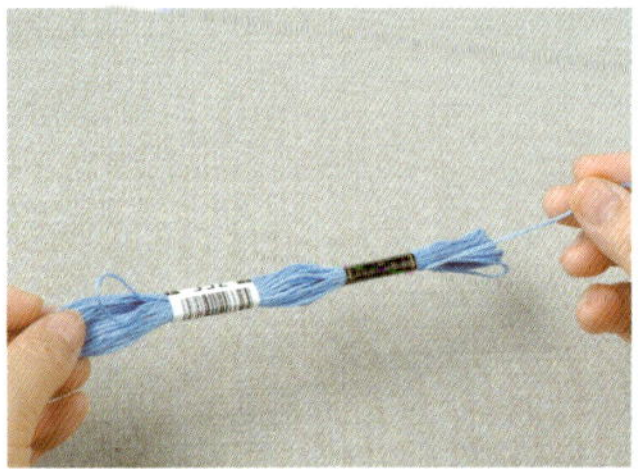

2 要领是压住左端的线圈，再抽出。25号刺绣线的1束线是由6股细线捻合而成。本书中的作品均是用6股线钩织。

3 按照刺绣的提示，如需拆分线（○股线），则从6股细线中取出相应的股数进行刺绣。

4 标签上的数字为颜色号。刺绣线不足时，需购买同样的颜色，因此请保留到最后。

重点课程

25~30 图片 P20 流苏的拼接方法

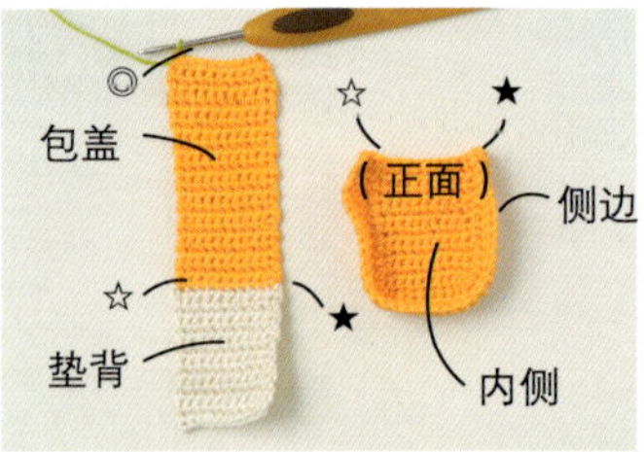

1 书包的内侧、侧边、垫背、包盖部分钩织完成后如图。

◎＝花边的钩织起点

2 从包盖的◎印记位置开始，用短针钩织花边，但在☆位置将侧边与垫背重叠，按照箭头所示插入针。

3 针尖挂线，按照箭头所示引拔钩织。

4 再次在针尖挂线，按照箭头所示一次性引拔钩织，两块重叠的步骤织入第1针短针。

5 方法相同，用短针将侧边的底部与垫背拼接后如图。

6 垫背、包盖部分与内侧、侧边部分拼接完成。完成后如左上图所示。

31、32 图片 P21 制服的拼接方法

1 前后身片与衣领钩织完成后如图（仅后身片钩织打底的衣领●）。

2 钩针插入前身片的指定位置，挂线后引拔抽出，钩织针脚。

3 按照引拔针的要领，织入条纹针脚（表示前襟）。

4 用法式结粒绣针迹（缠2圈）在两个地方进行刺绣，前后中心各留3针，将两肩卷缝缝合。

5 打底衣领的3针（●）与衣领中央的3针卷缝缝合。

6 后身片的打底衣领与衣领拼接完成后如图。

重点课程

＊为了便于说明，图片步骤解说中更换了线的种类和颜色。

7 剩余部分衣领拼接侧的左右两端缝到前面中心。

8 左、右袖口分别织入1行短针进行调整。

37 图片 P24 ✿ 的钩织方法

＊在上一行的中长针中织入1针中长针、1针中长针的正拉针。

1 钩织2针立起的锁针，针上挂线后按照箭头所示将钩针从内侧插入上一行立起的针脚中，挑起。

2 插入钩针后如图所示。针尖挂线，拉长线，抽出。

3 再次在针上挂线，一次性引拔钩织。钩织完中长针的正拉针后如右上图所示。

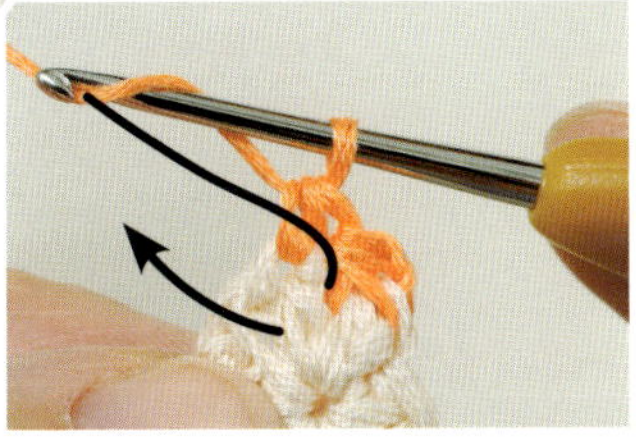

4 接着再织入“1针中长针，按照箭头所示将钩针插入上一行中长针的尾针中，织入中长针的正拉针”。重复上面的针法。

5 钩织完第2行的4针（2个花样）后如图。

6 第2行钩织完成后如图。形成立体的花样。

48、49 图片 P29 ✿ 基底的拼接方法

1 准备织片a、b、c。第1行分别将起针的上半针与里山挑起后再钩织。

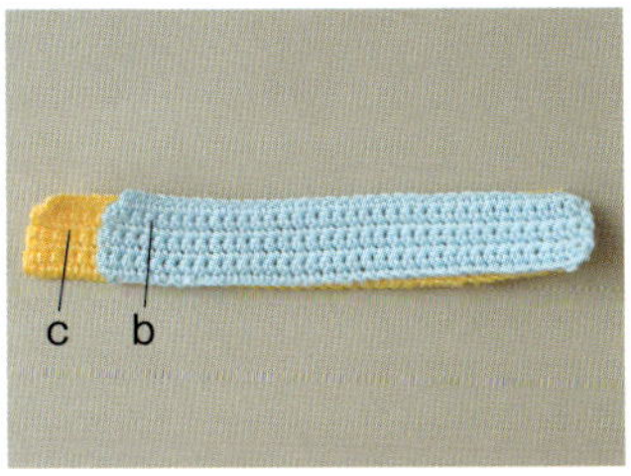

2 将b放到c终点侧的上方，右端对齐重叠。

● 钩织终点侧缝合（第7行侧）

3 编织线穿入右端针脚的内侧半针中，再将针穿入同一针脚中，在顶端来回穿两次，缝好（左图）。从第2针开始，来回穿1次，逐针缝好（右图）。

4 终点处再来回穿两次，缝好。

● 起针侧缝合

5 变换织片的方向，针穿入织片b的反面，从起针侧抽出线。

6 按照钩织终点处的方法缝合起点（参照步骤3的左图），来回穿两次缝好。从第2针开始，来回穿1次，逐针缝好。终点处来回穿两次，缝合。

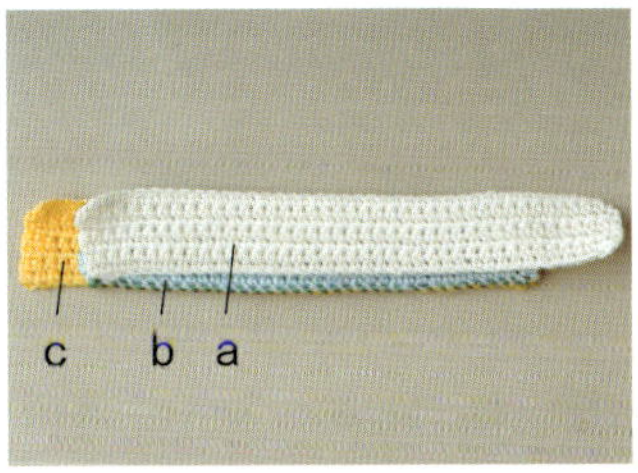

7 将a与b的左端对齐，然后与b、c缝合的基底重叠（a、b、c的钩织终点处均朝上）。

8 钩织终点侧，参照步骤3、4，将a、b内侧的半针缝合。起针侧，将针穿入a、b、c的针脚中，缝合。

重点课程

●拼接蛋糕卷

9 a、b、c缝合的状态如上图所示。用c做芯，如图所示卷好。

10 a的顶端用绷针固定，再从织片的反面穿入针。

11 用缝纫线制作圆环，穿入针，收紧后再拼接线。

12 每行调整1次，缝合。

13 缝纫针穿入基底，处理线头。完成后如右下图所示。

49 图片 P29 奇异果的钩织方法（配色线的替换方法）

1 钩织第1行时，用白色线的线头制作圆环，再织入6针短针。在起点引拔钩织时，将白色线与第2行的黄色线挂到针上，按照图片的箭头所示引拔钩织。引拔钩织完成后如图。

2 参照步骤1的上、下图片，换上黄绿色线钩织第3行。

3 织片对半折叠，将内侧的半针缝合。完成后如右下图所示。

84～89 图片 P48、49 鹦鹉的钩织方法

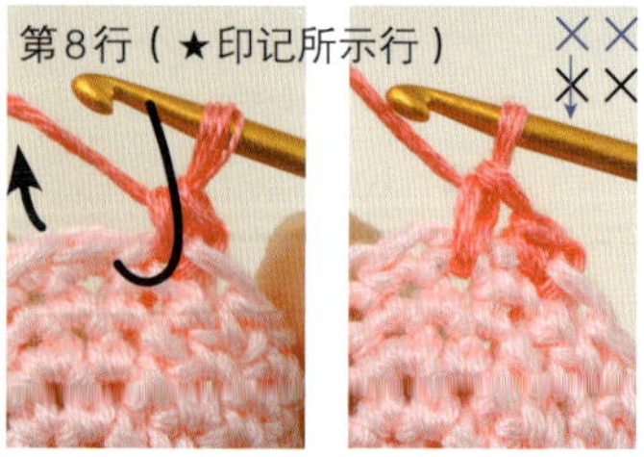

1 a、b、c缝合的状态如上图所示。用c做芯，如图所示卷好。

2 接入新线，钩织完1针立起的锁针后，再“在上两行的针脚中织入1针短针，接着在上一行的针脚中织入短针”。

3 重复步骤2中所示的针法，钩织至第12行后如图。

99～101 图片 P56、57 胡萝卜的拼接方法

1 主体钩织至第7行后，准备5根长15cm的编织线，对折后中央打结，用作叶子。

2 中央打结后的编织线穿入缝衣针，再穿入主体中。

3 在主体中塞满填充棉，注意整体平衡。接着钩织第8行。

4 将最终行针脚的内侧半针挑起，收紧。

5 叶子修剪整齐。胡萝卜钩织完成后如左上图所示。

122～124　图片　P72　✿ 车窗的钩织方法

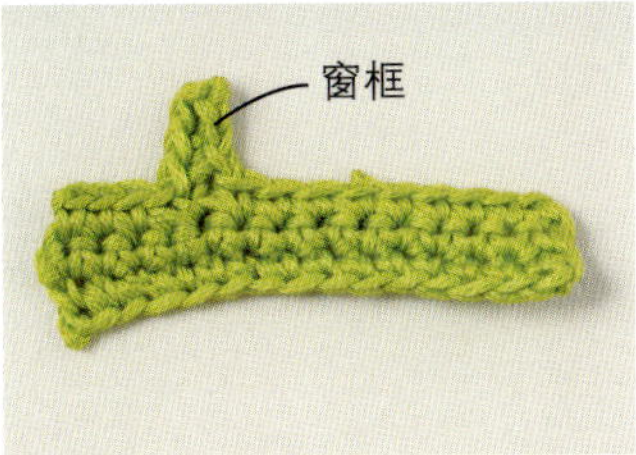

1　车子下侧的主体部分与窗框部分（第3行）钩织完成后如图。同样的织片钩织2块。

2　其中一块窗框倒向外侧，然后参照图，在内侧钩织窗子的玻璃部分，织入3行。但是，在钩织第1行时，需要将内侧的半针挑起后再钩织（①）。

3　另一块窗框倒向内侧，将上一行外侧的半针挑起，再钩织窗子玻璃部分的第1行，然后按照步骤2的方法钩织车窗部分（②）。

4　主体下侧与窗子玻璃部分钩织完2块（①、②）后如图。

5　接着将窗子玻璃与窗框合拢，在车子周围钩织。织入1针立起的锁针，再钩织2针短针。然后将钩针插入下面的2个针脚中，抽出线（●与●）。

6　针上挂线，按照箭头所示，将之前引拔抽出的●与●针脚再一次性引拔钩织（短针2针并1针）。

7　2针并1针钩织完成后如图。然后按照箭头所示，将钩针插入窗框短针的针脚中，再钩织短针。

8　窗框与窗子玻璃合拢。接着参照图，用短针钩织大约1周半，完成。用同样的方法钩织2块。

✿ 整针卷缝

1　窗框置于外侧，2块车身部件重叠。

2　仔细将相接部分针脚的横向2根线（整针）挑起。

3　均匀地处理针脚，织片更漂亮。

4　中途塞入填充棉，卷缝缝合。

41　图片　P25　✿ 半针卷缝

1　钩织完奇异果后对折。再将针逐一穿入最终行短针的内侧半针中。

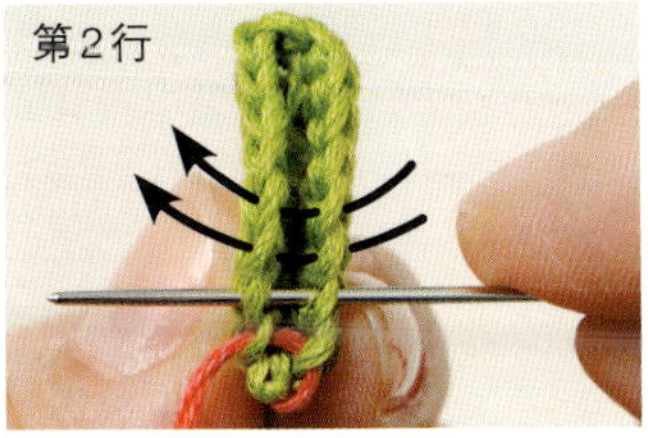

2　逐一将半针慢慢挑起。半针卷缝完成后如右上图所示。

129　图片　P73　✿ 背鳍的钩织方法

1　主体的2块织片重叠，用整针卷缝的方法处理，再将头针插入经过卷缝的指定针脚中，挂线后抽出，织入针脚。

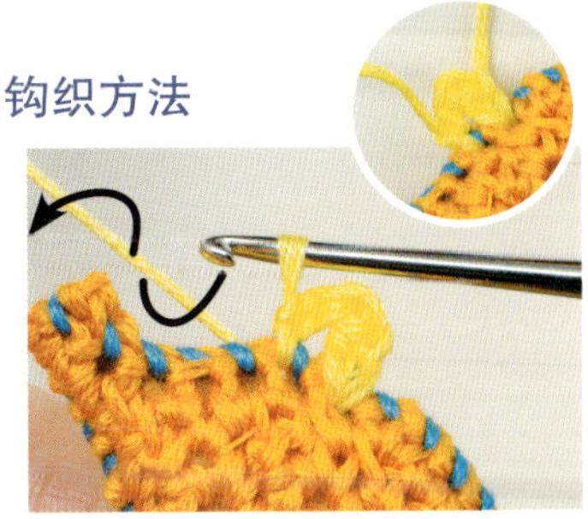

2　参照图钩织尾鳍，最后按照箭头所示在针上挂线，引拔钩织后抽出线头。完成后如右上图所示。

PART 1 时尚小物

本书精心挑选了各种小巧的鞋子、帽子、毛衣、手提包、双肩书包、校服……
许多作品都非常注重细节，如运动鞋的鞋带、毛衣的花样等。
把钩织出的众多作品摆放陈列起来，打造专属自己的精品钩织店！

靴子、浅口鞋、运动鞋

制作方法 1、2、4……P10　3……P19

长短不一的两种靴子，带蝴蝶结设计的可爱浅口鞋，
配色清爽的运动鞋。
即便是迷你尺寸，同样也讲究细节。

短靴、彩色运动鞋

制作方法……P11

配色鲜亮、玲珑可爱的短靴和运动鞋。
把所有鞋子顺序摆放，仿佛鞋店的主人一样。

1 ✿ 图片 P8

准备材料

{编织线}HAMANAKA Aprico：茶色…5g

{其他材料}圆形扣：5mm 复古金色…2个，填充棉…少许

{针}钩针 2/0 号

{成品尺寸}参照图

带子

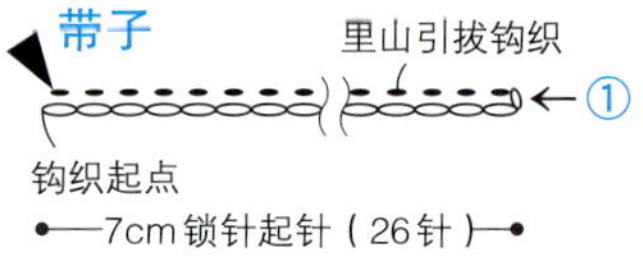

拼接方法

带子两端翻折，缝好

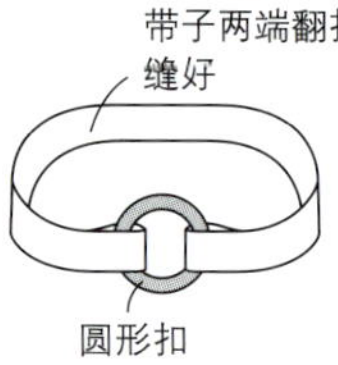

主体

参照作品2，编织鞋筒的11行与翻折部分的1行

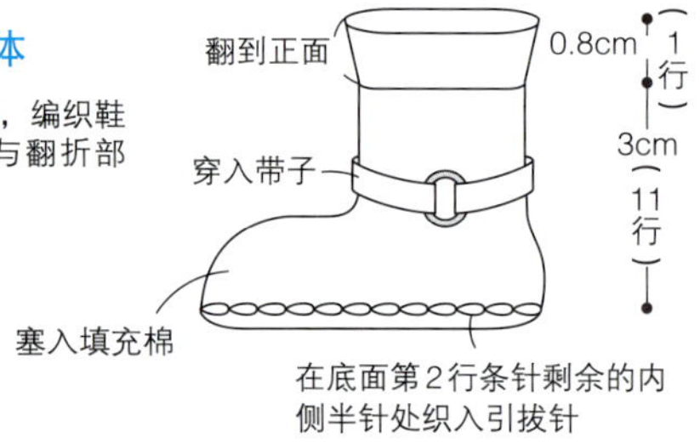

4 ✿ 图片 P8

准备材料

{编织线}HAMANAKA Aprico：本白色、蓝色…各2g，芥末色…1g

{针}钩针 3/0 号

{成品尺寸}参照图

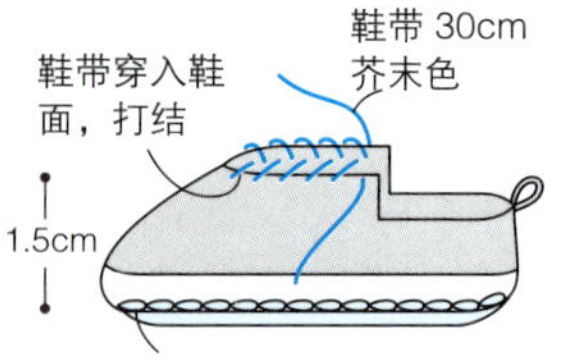

底面的钩织终点处留出50cm的线头，然后在主体第2行剩余内侧半针处用引拔针编织一周

底面

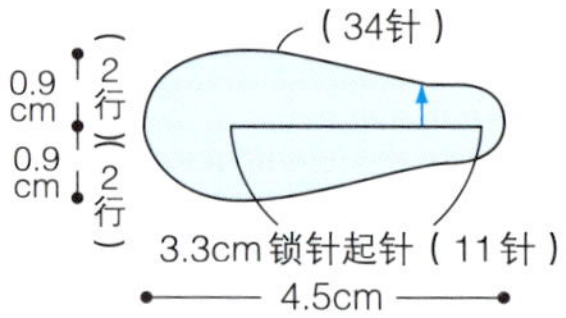

※鞋带部分从记号图◎的针脚两端穿出编织线，向脚踝方向逐一挑针，穿入针脚中。最后从☆与★处穿出。

主体

底面（1~2行）
侧面与鞋面（3~6行）

—— = 本白色
—— 芥末色
—— = 蓝色

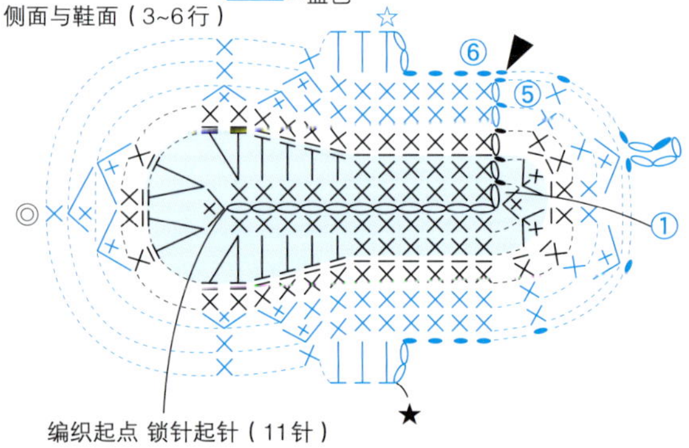

2 ✿ 图片 P8

准备材料

{编织线}HAMANAKA Aprico：焦茶色…6g、米褐色…少许

{其他材料}填充棉…少许

{针}钩针 3/0 号

{成品尺寸}参照图

底面

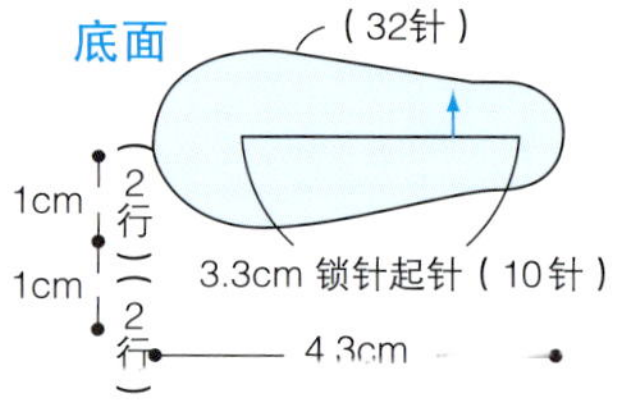

主体 焦茶色

底面（1~2行）
鞋筒长（1~18行、翻折部分1行）

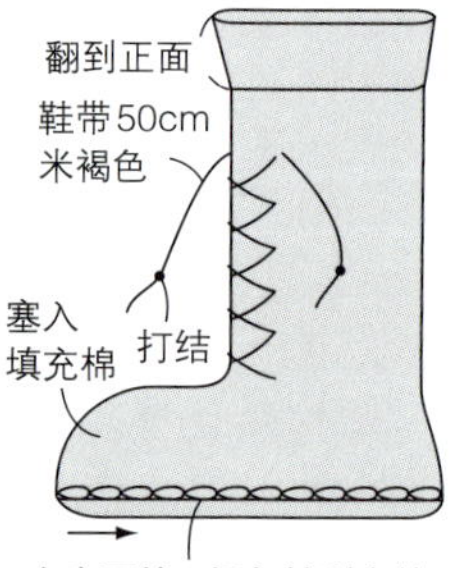

在底面第2行条针剩余的内侧半针处织入引拔针

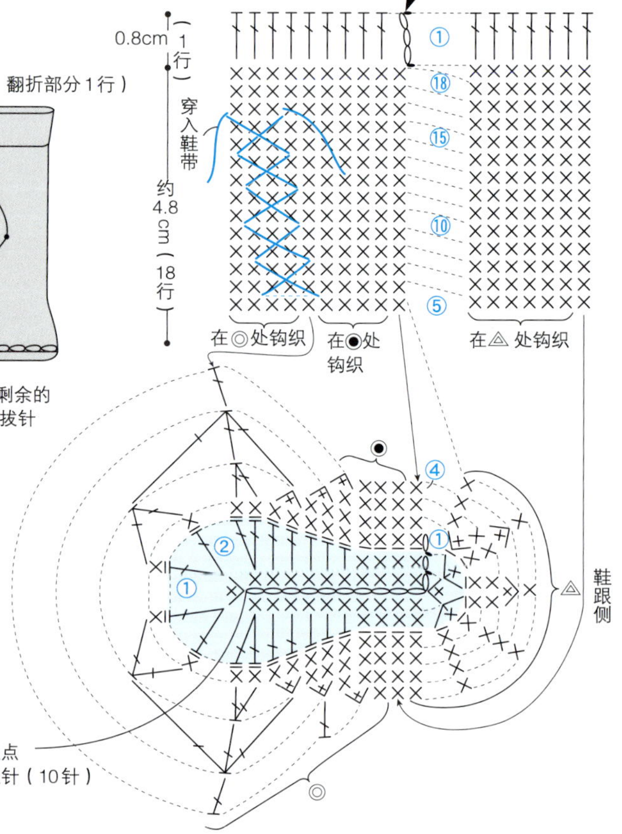

139、140 ✿ 图片 P77

准备材料

{编织线}奥林巴斯Emmygrande<Colors>：本白色 作品139…2g，作品140…1g

{其他材料}TOHO：钥匙扣（银色）…1个，圆形扣：5mm（银色）…3个

{针}钩针 2/0 号

{成品尺寸}参照图

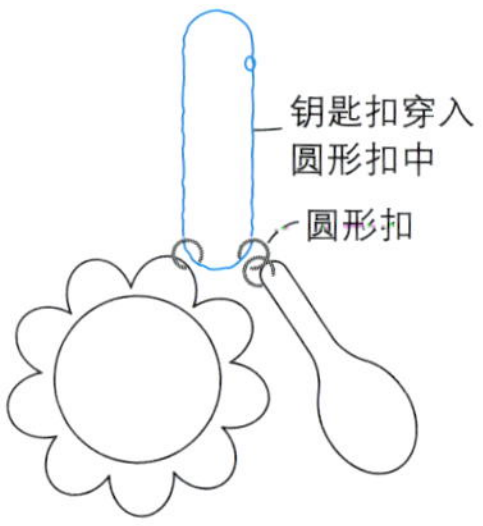

作品139 主体

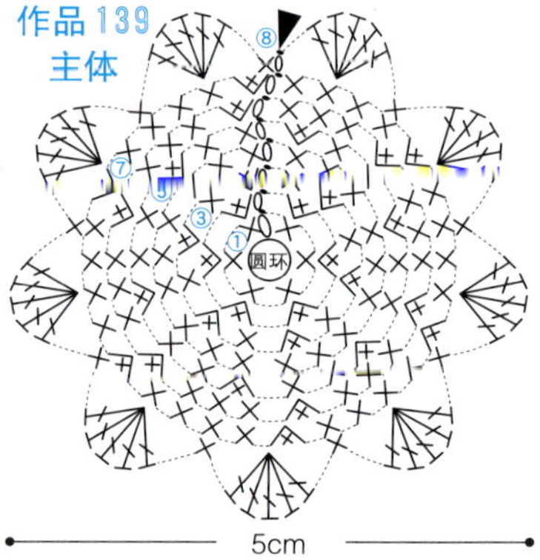

作品140 主体

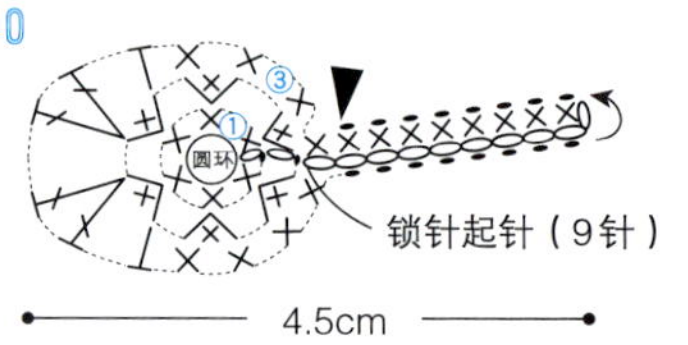

5~7 ✿ 图片 P9

准备材料

{编织线}奥林巴斯25号刺绣线：

作品5 绿色…2束，紫色…1束

作品6 黄色…2束，米褐色…1束，黑色…少许

作品7 米褐色…2束，茶色…1束，红色…少许

{针}作品5~7共通 蕾丝针0号

{成品尺寸}参照图

底面、侧面 ※配色参照图。

各2块

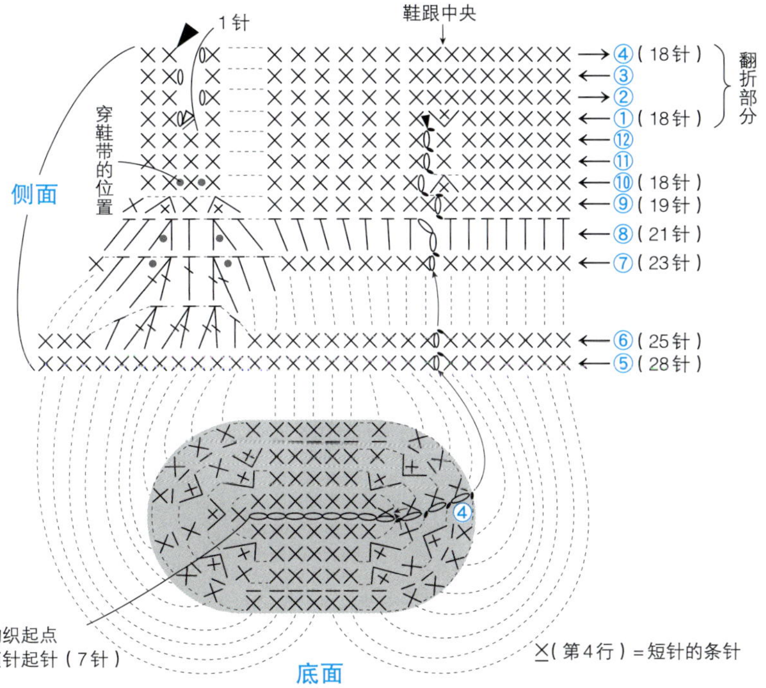

鞋带的穿法

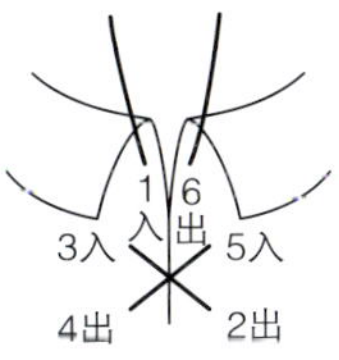

底面、侧面、鞋带的配色表

	5	6	7
底面	紫色	米褐色	茶色
侧面	绿色	黄色	米褐色
鞋带	紫色	黑色	红色

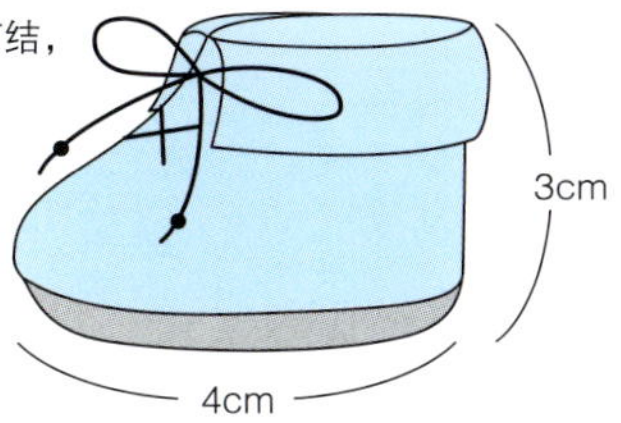

8~10 ✿ 图片 P9

准备材料

{编织线}奥利巴斯25号刺绣线：

作品8 粉色…2束，白色…1束

作品9 绿色…2束，白色…1束，橙色…少许

作品10 黄色…2束，白色…1束，蓝色…少许

{针}作品8~10共通 蕾丝针0号

{成品尺寸}参照图

侧面 各2块

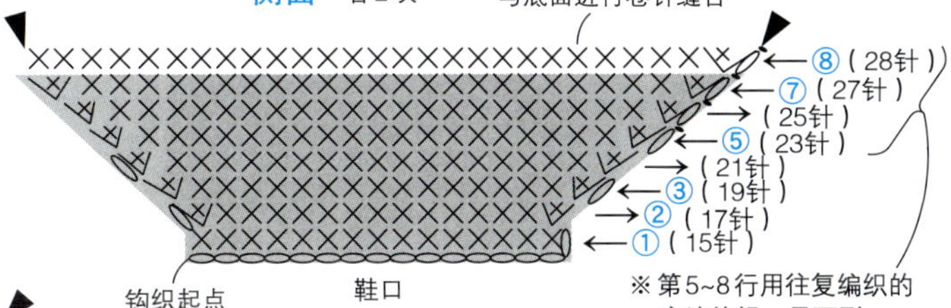

底面 2块

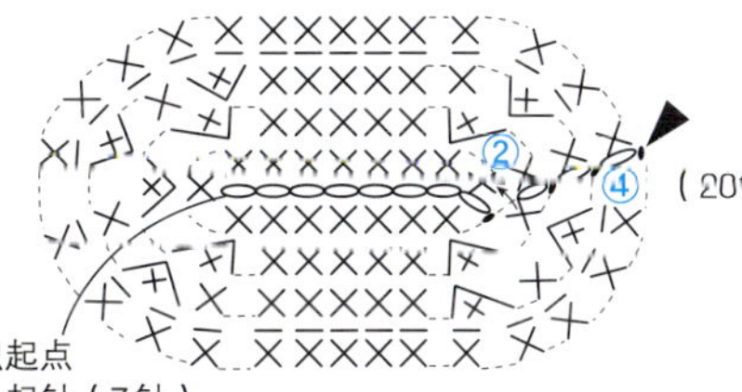

饰品 各2块

鞋带 各2根

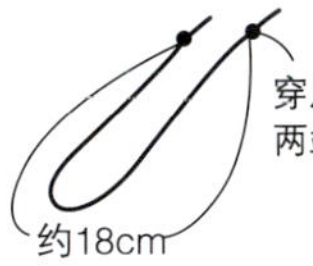

拼接方法

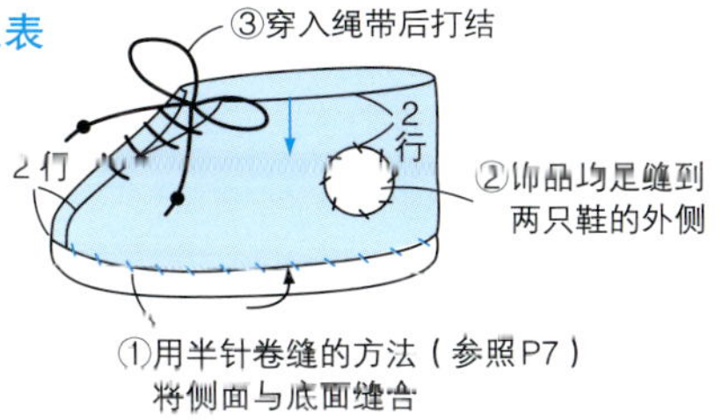

鞋带的穿法

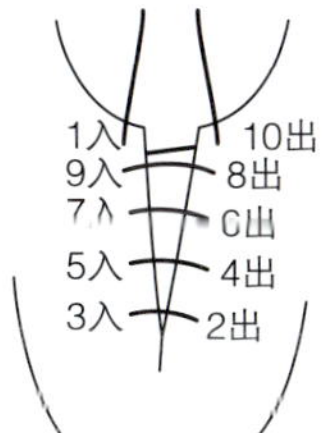

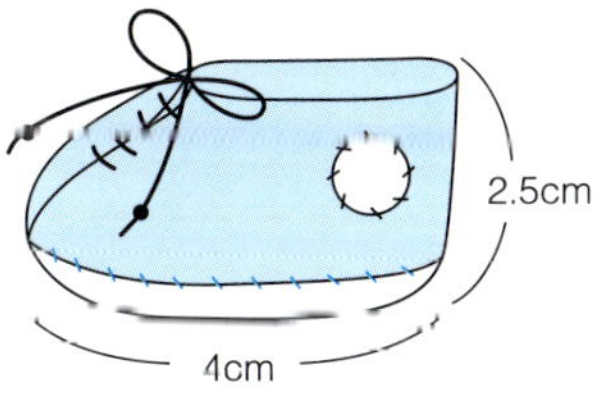

侧面、底面、鞋带、饰品的配色表

		8	9	10
侧面	第8行	白色	白色	白色
	1~7行	粉色	绿色	黄色
底面		白色	白色	白色
鞋带		白色	橙色	蓝色
饰品		白色	白色	白色

✿ 婴儿鞋

制作方法……P14

制作方法……P14

单是看起来就让人觉得小巧可爱的婴儿鞋。
粉色款加入小花、蓝色款加入圆球做装饰。
丝带穿入鞋跟后侧的圆圈中，
可用作祝福新生儿的贺礼。

✿ 帽子

制作方法 13~16……P15　17、18……P83

充满夏日气息的鸭舌帽和草帽，还有温暖的护耳帽。
条纹与饰花点缀，时尚又亮眼的小物件。

准备材料

{编织线} Daruma手工编织线 小卷Café Demi：
作品11 玫瑰粉色…4g，本白色、黄绿色、黄色…各1g
作品12 本白色…3g，蓝绿色…2g
{针} 作品11、12共通 钩针2/0号
{成品尺寸} 参照图

钩织方法顺序

作品11

1 主体先进行圆环起针，用1种颜色钩织。
2 按照图示方法钩织花朵和叶子。
3 花朵与叶子用左右对称的方法缝到鞋面。

作品12

1 主体进行圆环起针，然后按照图示方法换线，钩织至第7行。
2 从第8行开始用短针进行往复钩织。
3 圆球部分先进行圆环起针，再按照图示方法进行钩织，中间塞入同色线，收紧。
4 鞋跟侧用卷针缝合的方法处理。
5 圆球拼接到鞋面，鞋跟侧与主体用同色线钩织拼接锁针的线圈。

主体 作品11、12共通

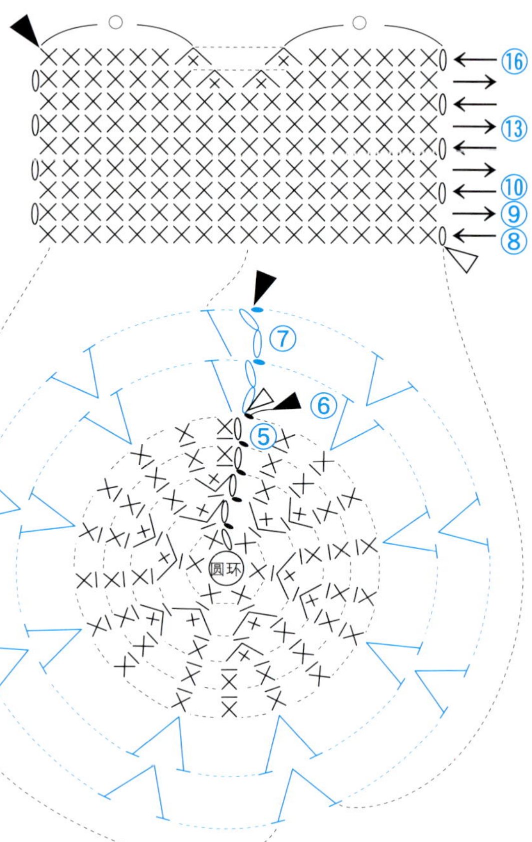

× ＝短针的条针

作品11＝1~16行…玫瑰粉色
作品12＝1~5行…蓝绿色
6、7行…本白色
8~16行…蓝绿色

主体的针数表

行数	针数	加减针数	
16	14	－2	短针
15	16	－2	
8～14	18		
6、7	18		长针
4、5	18		短针的条针
3	18	＋6	
2	12	＋6	
1	6		短针

作品11 花朵

2块
2行…本白色
1行…黄色

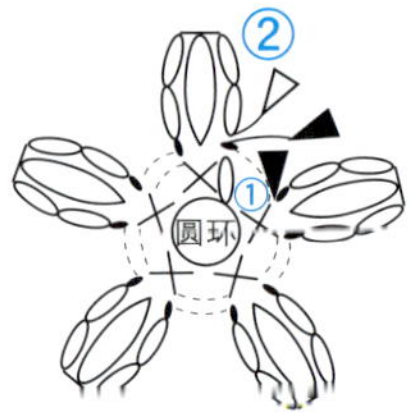

作品11 叶子

黄绿色 2块

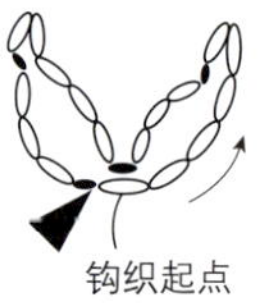

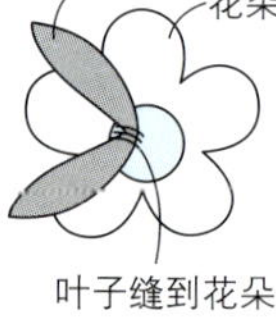

作品11 拼接方法

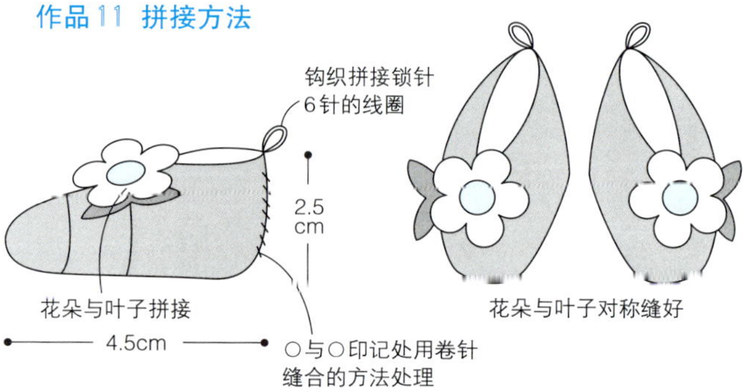

作品12 圆球

本白色 2个

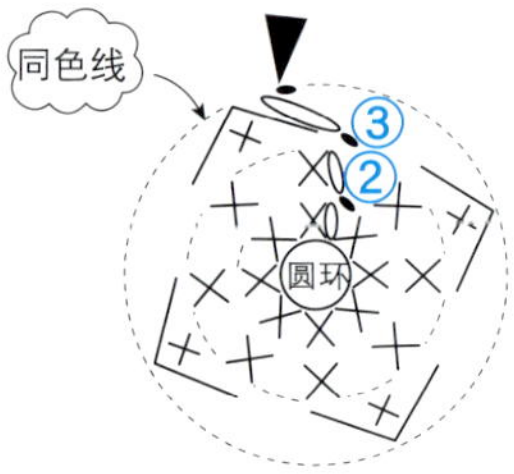

作品12 拼接方法

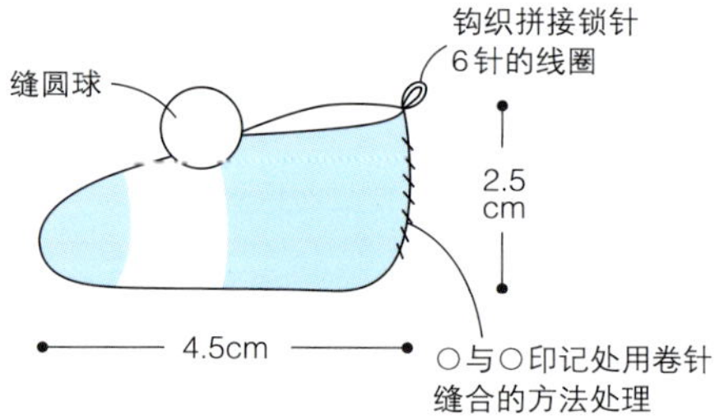

13、14 ✿ 图片 P13

准备材料

{编织线}

作品13 奥林巴斯 Emmygrande<Colors>：藏蓝色、绿色…各1g

作品14 奥林巴斯 Emmygrande<Herbs>：红色…1g，Emmygrande<Colors>：粉紫色…1g

{针} 作品13、14共通 蕾丝针2/0号

{成品尺寸} 参照图

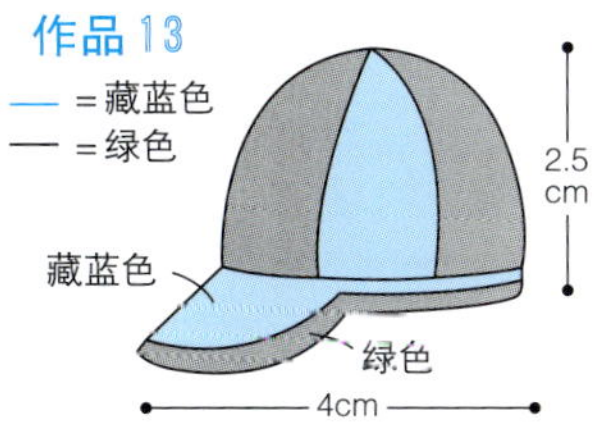

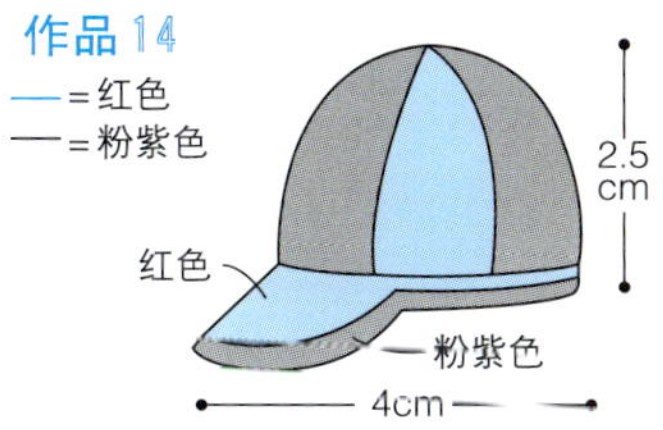

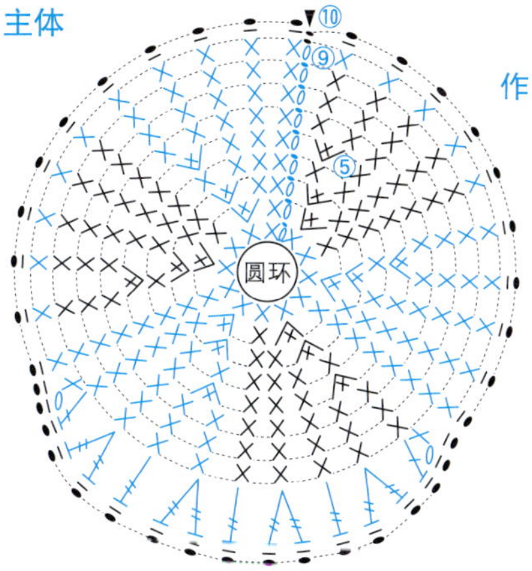

作品13、14 主体的针数表

行数	针数	加针数
10	38	
9	38	+8
8	30	
7	30	
6	30	
5	30	+6
4	24	
3	24	+6
2	18	+6
1	12	

15、16 ✿ 图片 P13

准备材料

{编织线}

作品15 奥林巴斯 Emmygrande<Colors>：米褐色…2g，黑色…1g

作品16 奥林巴斯 Emmygrande<Colors>：米褐色…2g，粉紫色…1g，Emmygrande<Herbs>黄绿色、白色…少许

{针}作品15、16共通 蕾丝针0号

{成品尺寸}参照图

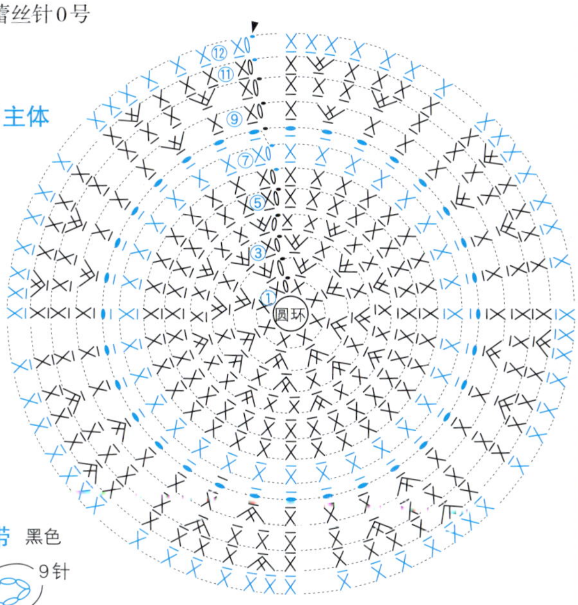

作品16 主体的配色表

行数	配色
12	米褐色
11	粉紫色
10	米褐色
9	粉紫色
1~8	米褐色

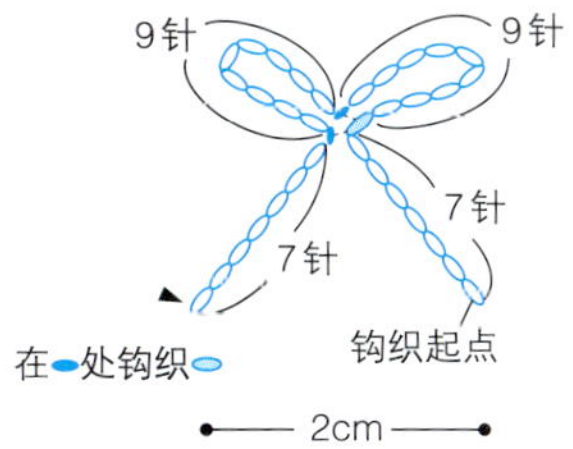

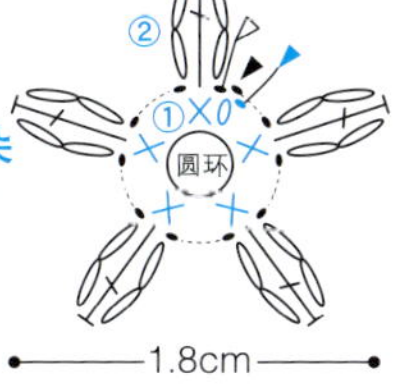

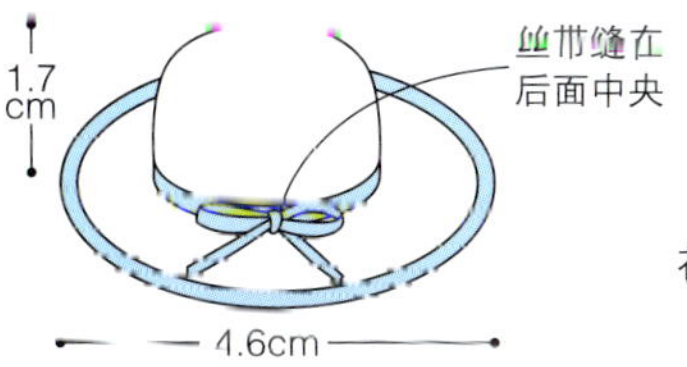

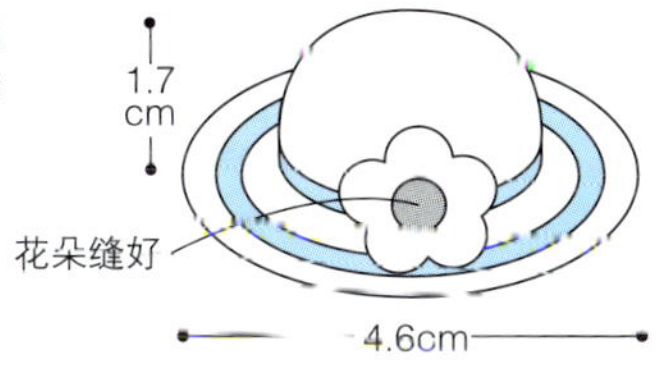

33、34 ✿ 图片 P21

准备材料

{编织线}奥林巴斯25号刺绣线：

作品33 本白色…1束，蓝色…0.5束

作品34 本白色…1束，红色…0.5束

{针}作品33、34共通 蕾丝针0号

{成品尺寸}参照图

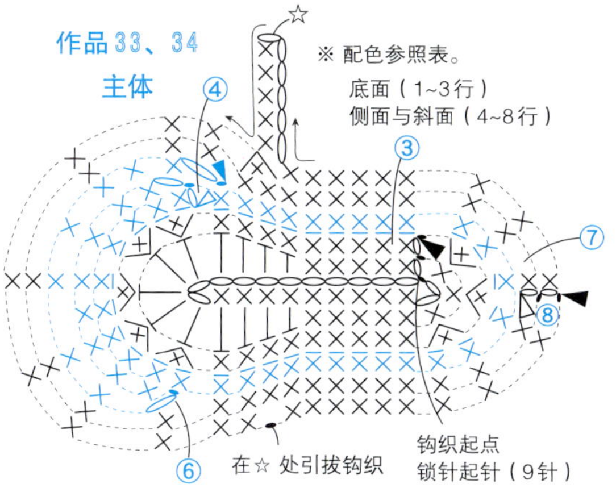

作品33、34配色表

	作品33	作品34
—	本白色	本白色
—	蓝色	红色

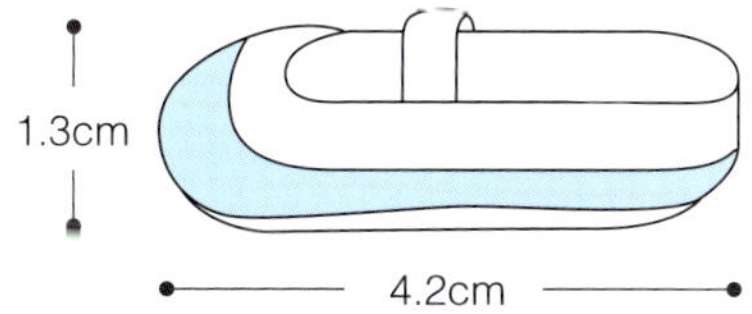

毛衣、开衫

制作方法……P18

立体花样的毛衣与开衫给人的印象深刻。
迷你尺寸也丝毫不输实物。
拼接领与高领，今天“穿”哪件呢？

✿ 手提包

制作方法……P19

配色明亮的手提包与野蔷薇花样装点的可爱手提包。

带上糖果一起外出吧！

准备材料

{编织线}

HAMANAKA Flux C：红色…4g

{其他材料} 亚克力纽扣…3颗

{针} 钩针 3/0 号

{成品尺寸} 参照图

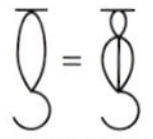

中长针的正拉针
3针变化的枣形针

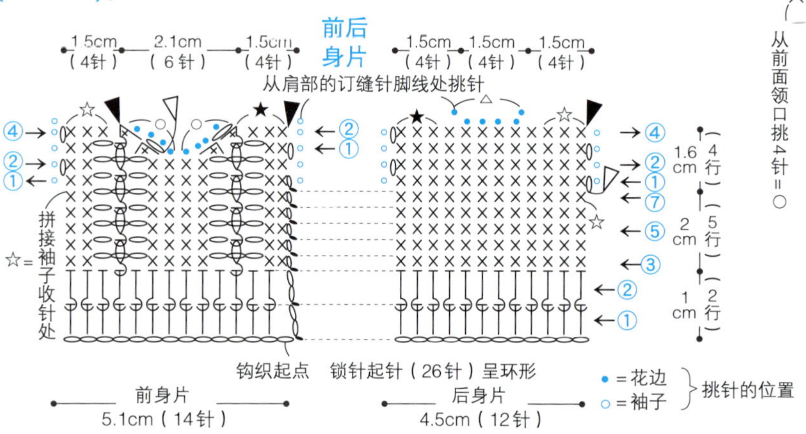

领口花边与前襟

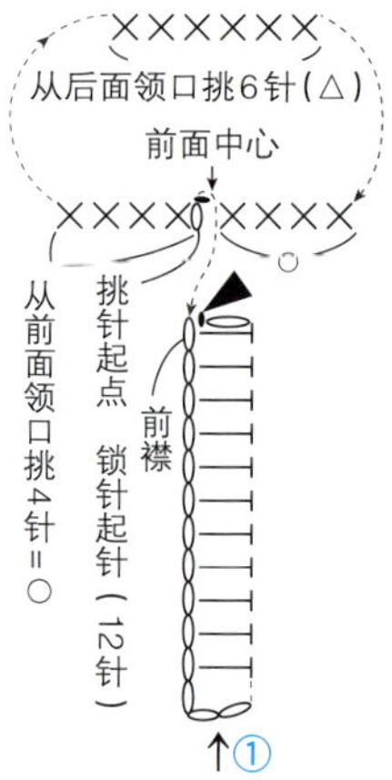

袖子

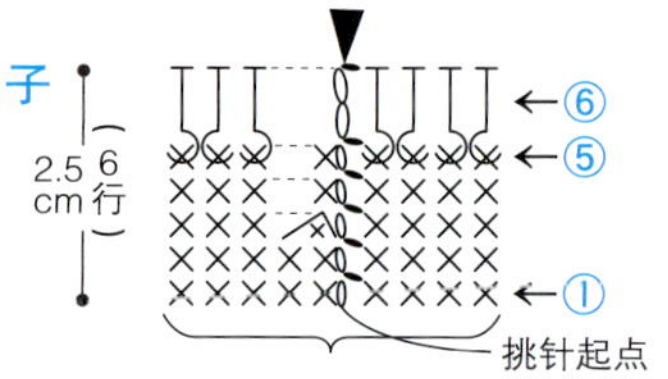

肩部★ 与★ 处、☆ 与☆ 处用卷针订缝的方法缝合，然后从袖子的挑针位置挑9针（○位置）

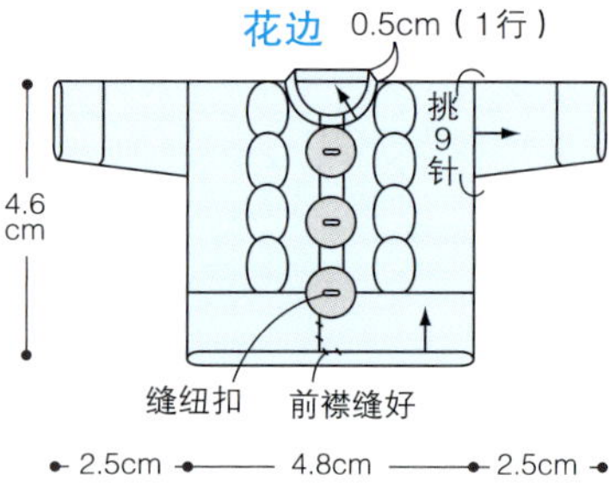

准备材料

{编织线}

HAMANAKA Flux C：藏蓝色…3g，本白色…1g

{针} 钩针 3/0 号

{成品尺寸} 参照图

前后身片

钩织方法参照作品 19

袖子

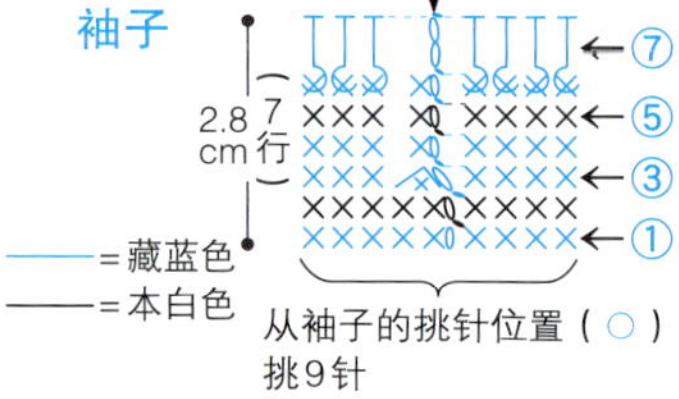

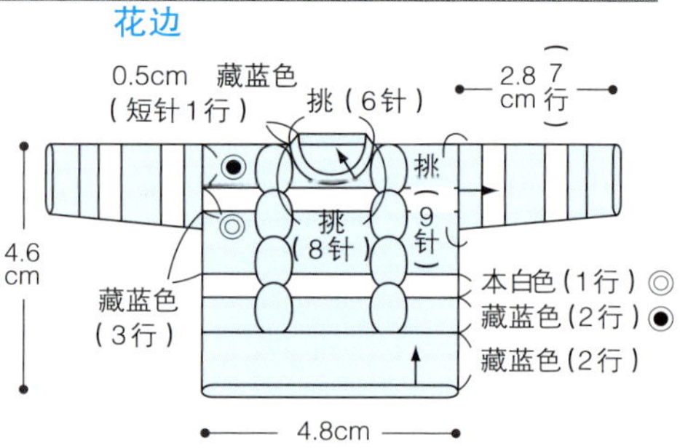

准备材料

{编织线}

HAMANAKA Flux C：本白色…4g

{针} 钩针 3/0 号

{成品尺寸} 参照图

前后身片、袖子

参照作品 19

衣领

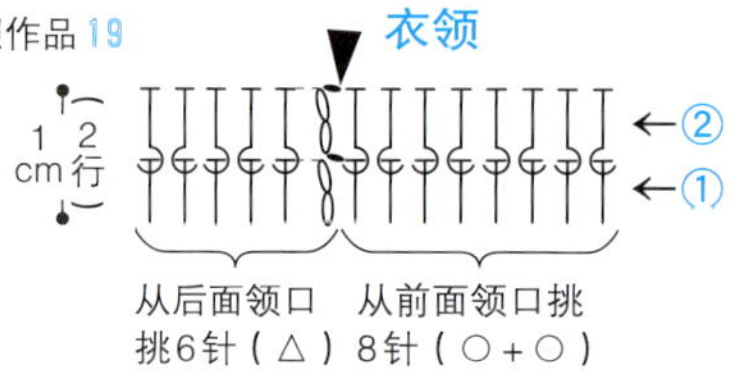

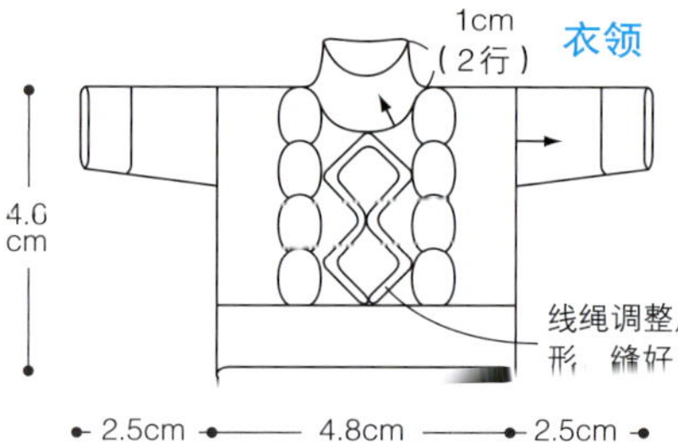

线绳、用2股线钩织9cm锁针

准备材料

{编织线}

HAMANAKA Flux C：芥末色…4g，本白色…1g

{针} 钩针 3/0 号

{成品尺寸} 参照图

衣领 本白色

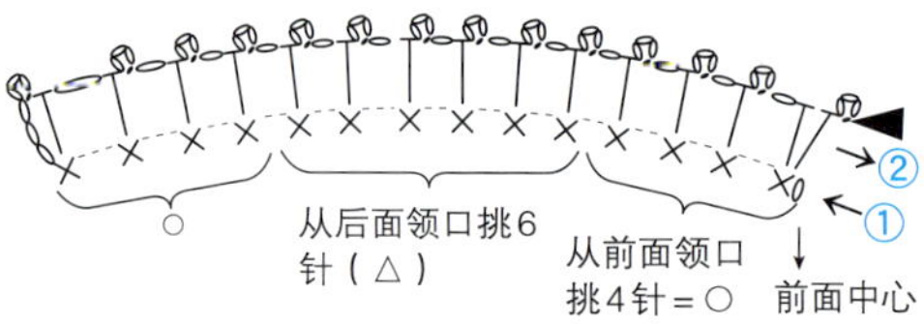

前后身片、袖子

钩织方法参照作品 19

芥末色

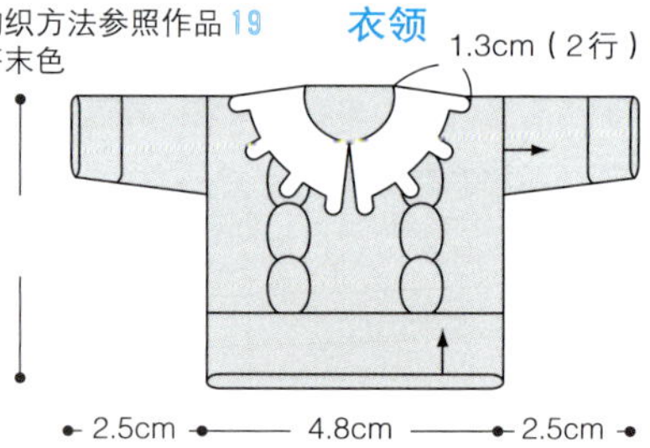

23 图片 P17

准备材料

{编织线}

Daruma蕾丝线 Supima Crochet Soft：紫色…3g，粉色、黄绿色…各少许，Wax Cord：茶色…45cm

{其他材料} 缝纫线…少许，粘合剂…适量

{针} 钩针2/0号

{成品尺寸} 参照图

主体 紫色

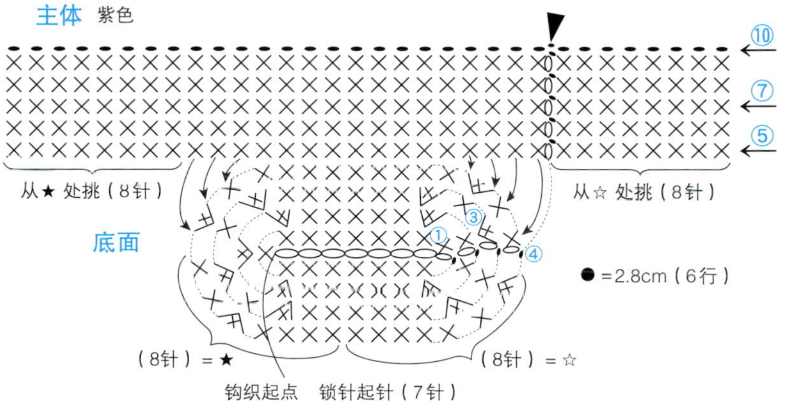

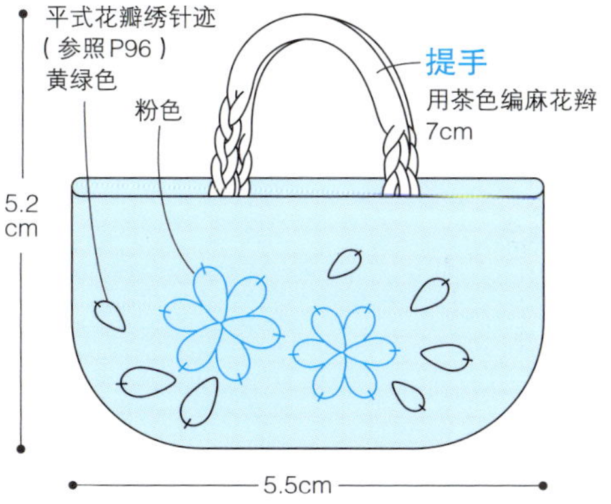

提手的拼接方法

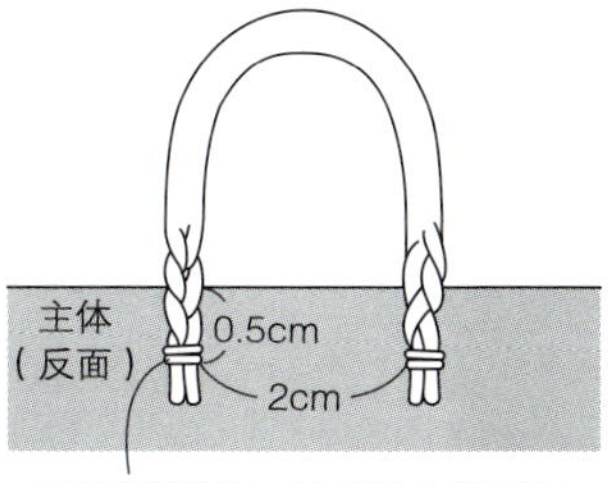

用缝纫线缝好，再用粘合剂固定

24 图片 P17

准备材料

{编织线}

Daruma蕾丝线 Supima Crochet Soft：米褐色…3g，Supima Crochet：本白色…1g，Wax Cord：焦茶色…45cm

{其他材料} 直径4mm的串珠…1颗，缝纫线…少许，粘合剂…适量

{针} 蕾丝针0号、钩针2/0号

{成品尺寸} 参照图

花朵 本白色

蕾丝针0号

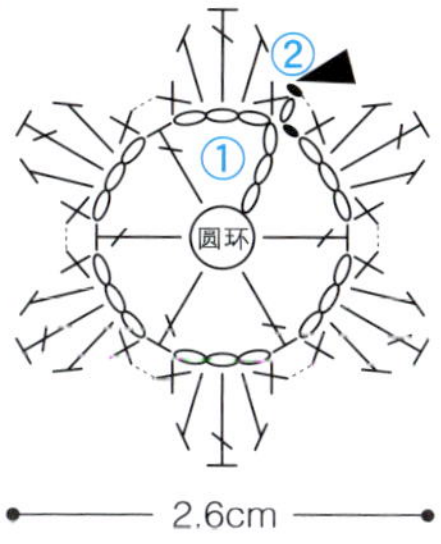

主体 米褐色 2/0号

钩织方法参照作品23

※提手的拼接方法参照作品23。

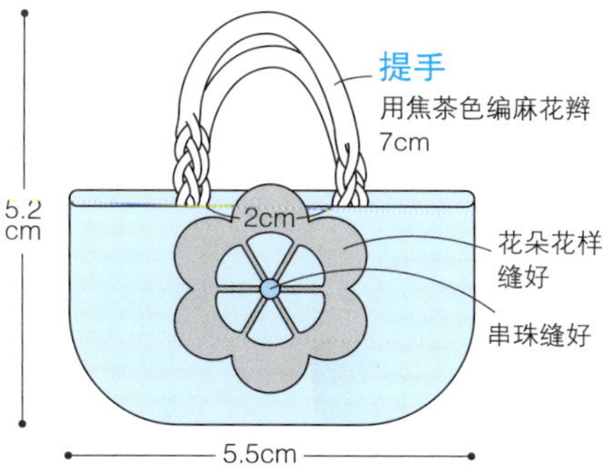

3 图片 P8

准备材料

{编织线}

HAMANAKA Aprico：芥末色…3g

{针} 钩针3/0号

{成品尺寸} 参照图

主体

底面（1~2行）、侧面长（3~5行）

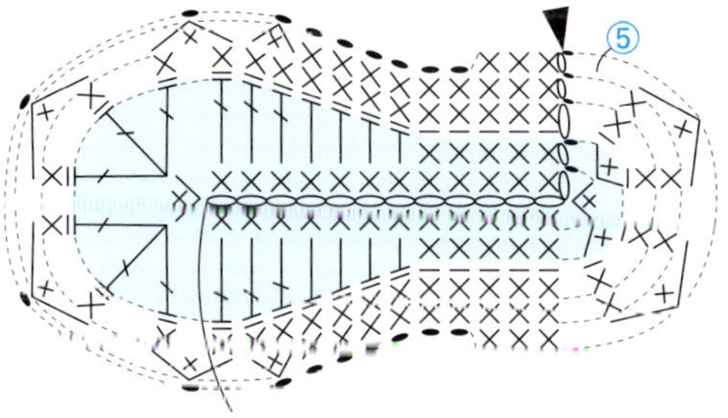

钩织起点 锁针起针（12针）

鞋跟

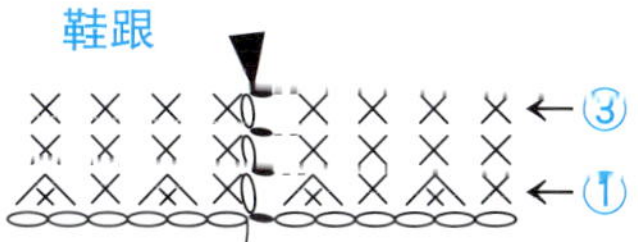

锁针起针（12针），呈环形

蝴蝶结a

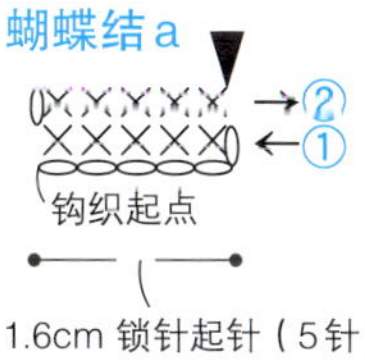

1.6cm 锁针起针（5针）

蝴蝶结b

锁针起针（2针）

蝴蝶结的拼接方法

将b缠到a的中心，收紧

鞋跟的拼接方法

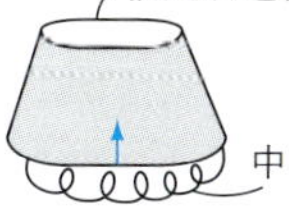

底面

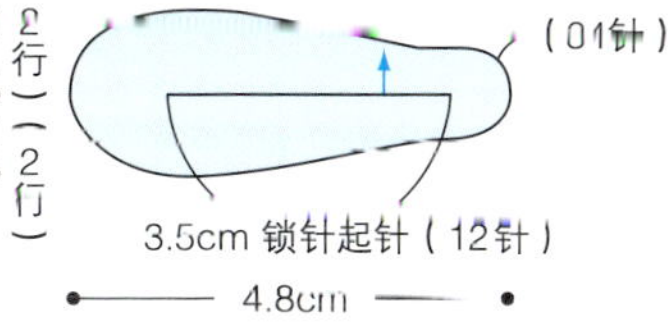

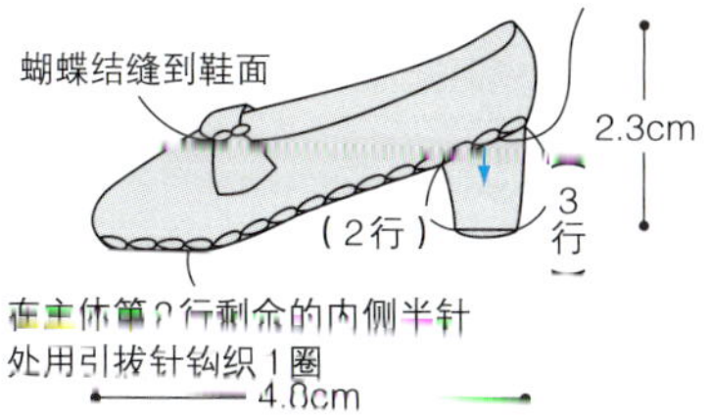

书包

制作方法……P22
重点课程……P4

外形流畅、颜色可爱的书包。
放入教科书和文具，今天也要信心满满地去学校！

25

26

27

28

29

30

制服、室内鞋

制作方法 31、32……P23　33、34……P15

重点课程 31、32……P4

男孩与女孩的制服套装。
讲究细节，让人心动不已。
放在文具上做装饰，做出属于自己的原创作品。

准备材料

{编织线}奥林巴斯25号刺绣线：
作品25 绿色…2.5束，米褐色…0.5束
作品26 蓝色…2.5束，米褐色…0.5束
作品27 红色…2.5束，米褐色…0.5束
作品28 黑色…2.5束，米褐色…0.5束
作品29 橙色…2.5束，米褐色…0.5束
作品30 粉色…2.5束，米褐色…0.5束
{其他材料}作品25~30共通
白色毛毡（2.8cm×3cm）…各8块
{针}作品25~30共通 蕾丝针0号
{成品尺寸}参照图

作品25~30配色表

	25	26	27	28	29	30
—— · ——	绿色	蓝色	红色	黑色	橙色	粉色
——	米褐色	米褐色	米褐色	米褐色	米褐色	米褐色

作品25~30 垫背、包盖

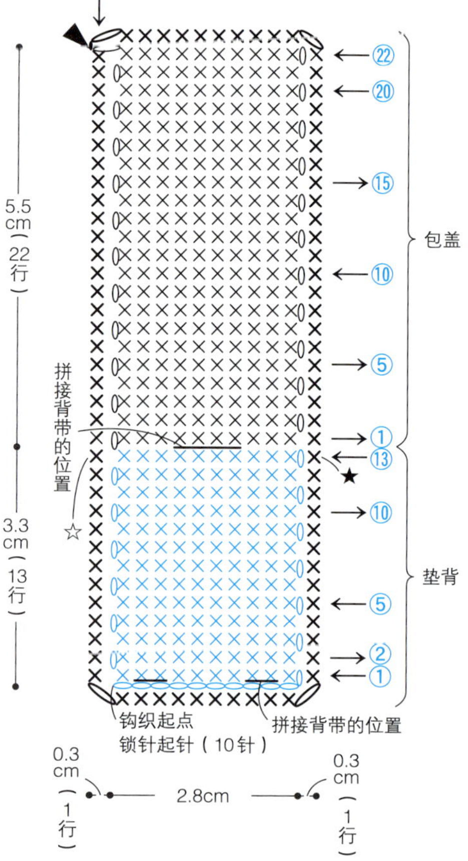

※✕处的花边，先钩织至☆印记处，从☆印记处开始将垫背与包盖重叠，逐一将外侧半针挑起，同时织入短针（参照P5）。

作品25~30 内侧、侧边

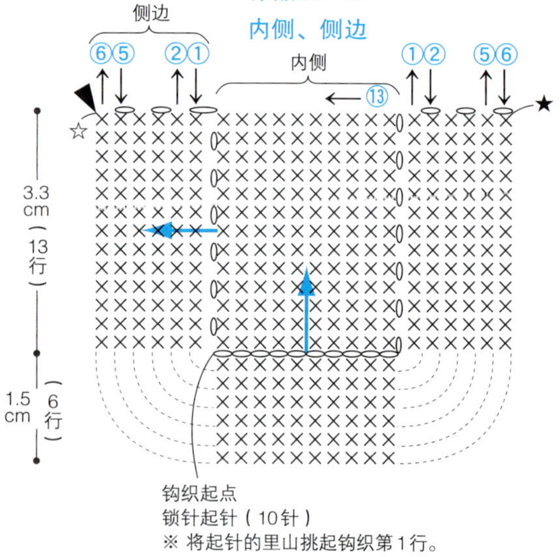

作品25~30 背带

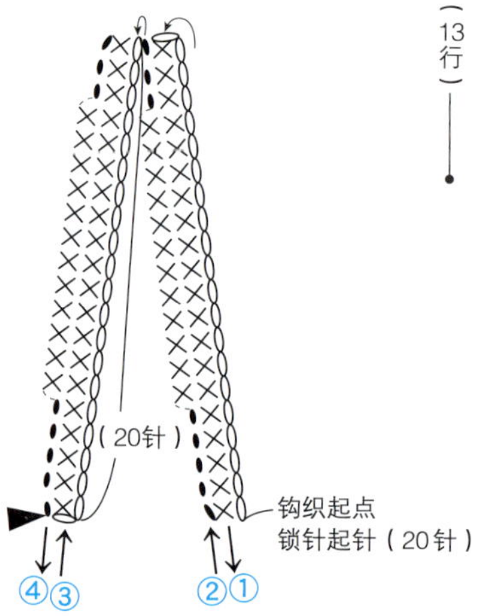

背带的拼接方法

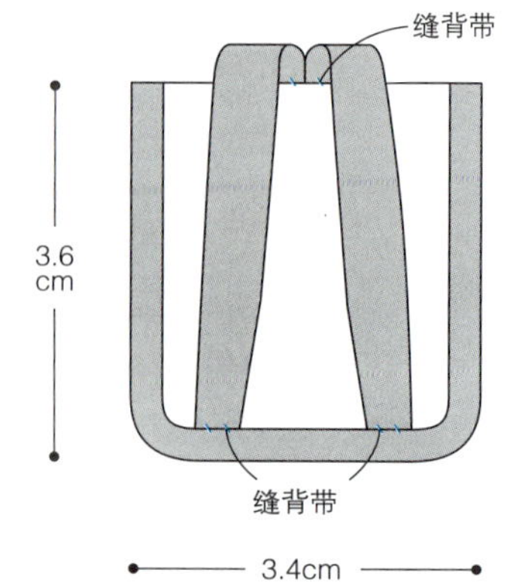

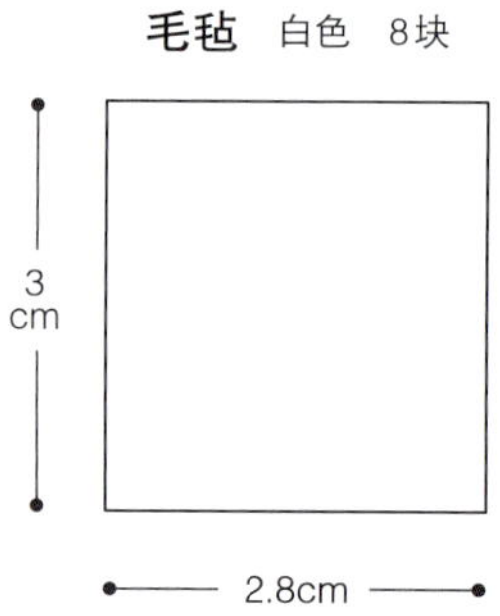

拼接方法

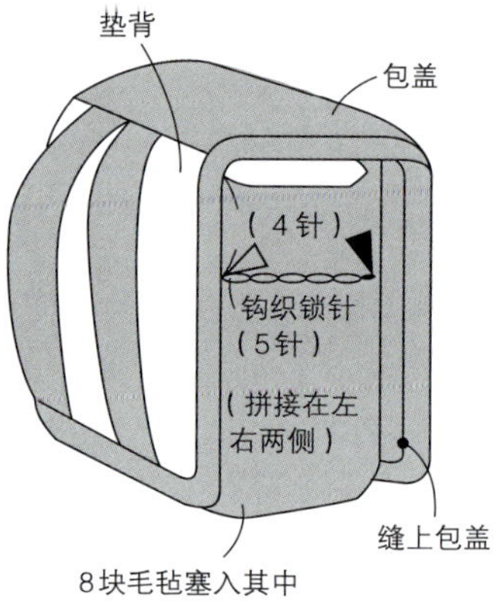

※用蒸汽熨烫，调整形状。

准备材料

{编织线}奥林巴斯25号刺绣线：

作品31 白色…1.5束，蓝色…1束

作品32 白色…1.5束，蓝色…1束，粉色…0.5束

{针}31、32共通 蕾丝针0号

{成品尺寸}参照图

作品31、32 前后身片 白色 各1块

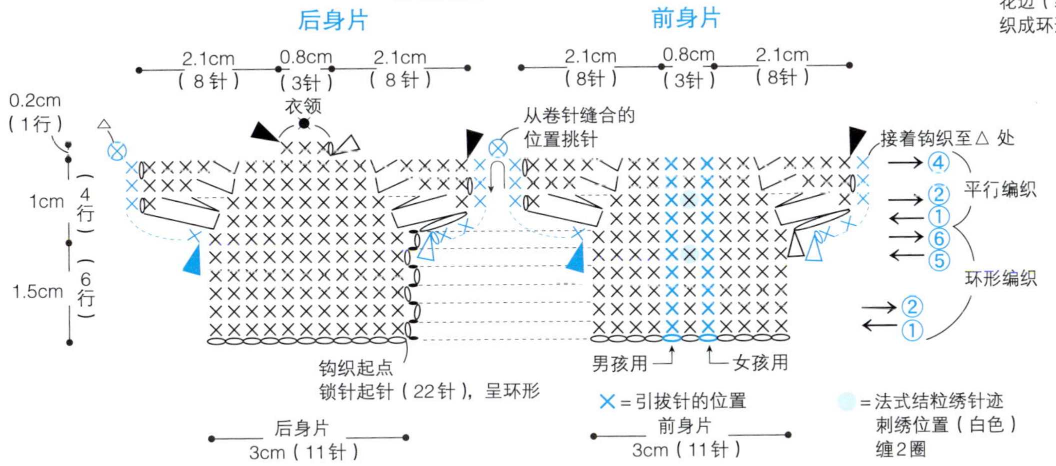

作品32 裙子 蓝色

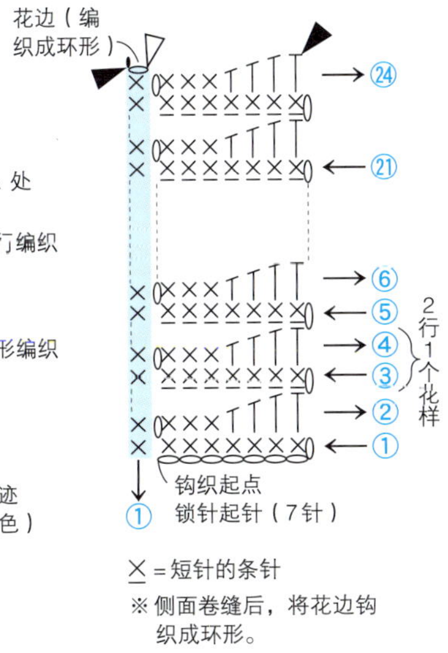

※ 均是采用往复钩织。

※ 拼接方法参照P56。

※ 袖口处（—）在最后织入1行短针进行调整。

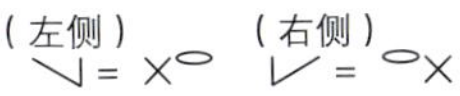

作品31 裤子 蓝色

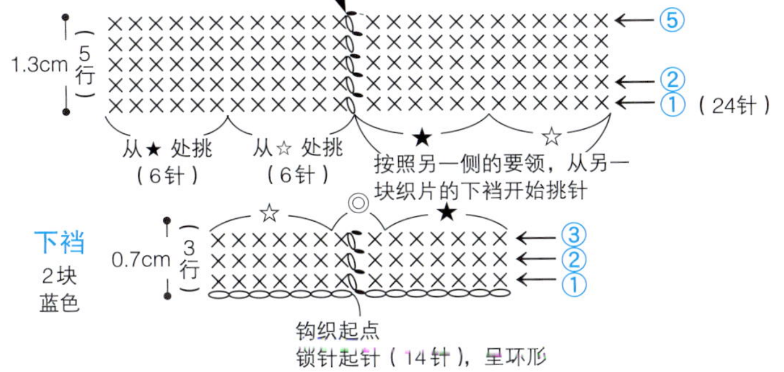

作品32 蝴蝶结 粉色

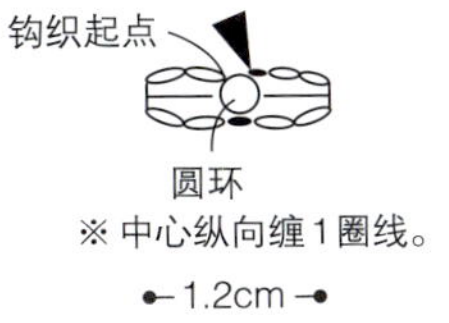

作品31、32 衣领 白色 各1块

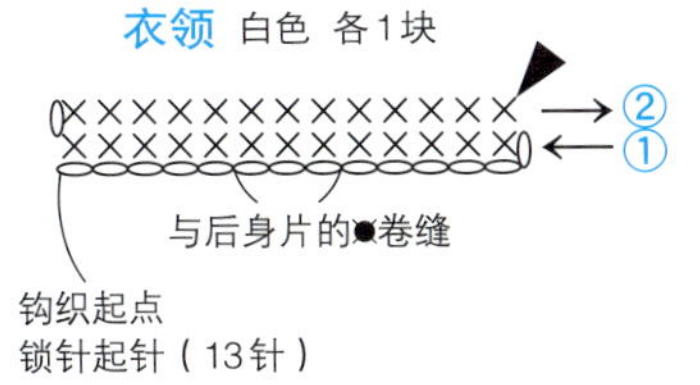

作品31、32 背带 蓝色 各1根

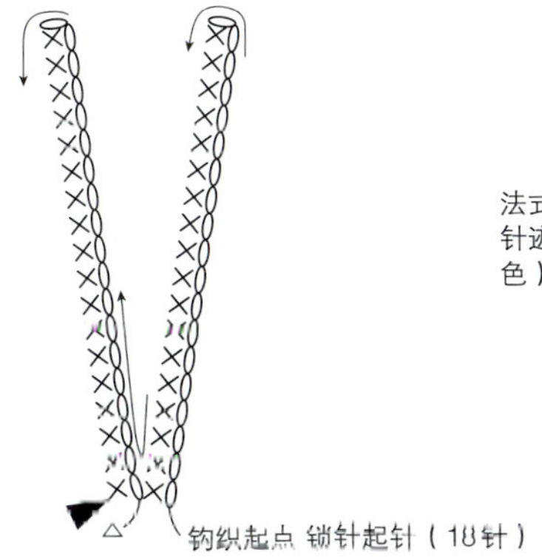

作品31

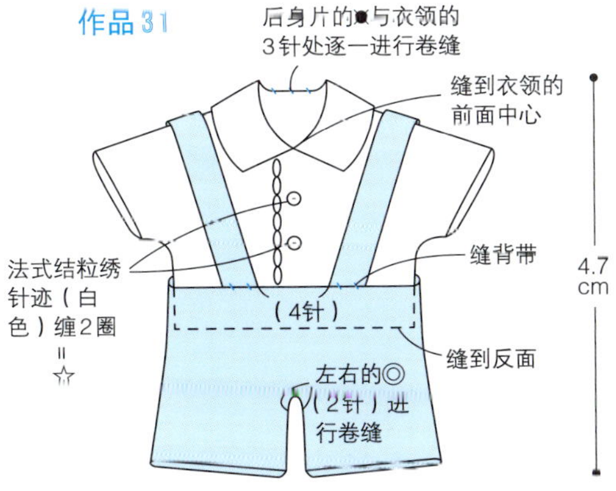

※ 裤子的后面中心与背带的（△）处对齐，缝好。

作品32

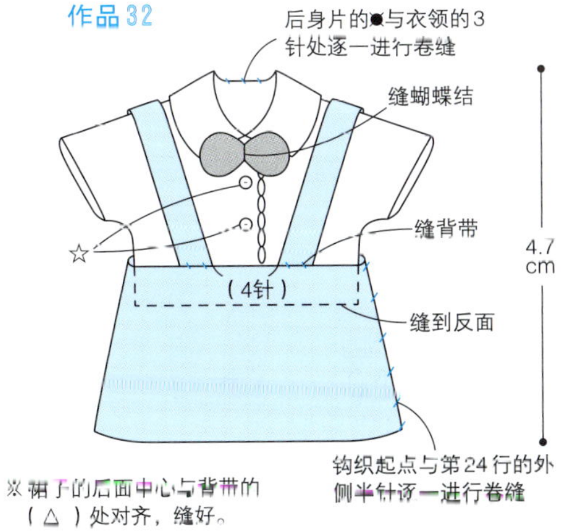

※ 裙子的后面中心与背带的（△）处对齐，缝好。

PART 2 甜点、食物

奶油绵密、裱花五颜六色的蛋糕和冰淇淋，单是看起来就觉得美味可口。
钩织完成之后，既可用作针插或小物收纳盒，也可以用作装饰，为室内增添几分甜美！
蔬菜花样与水果花样还可以制作成自己喜欢的钥匙扣，外出时携带。

✿ 蛋糕

制作方法 35、38、40……P26

36、37、39……P27

41~43……P47

重点课程 37……P5 41……P7

像奶油蛋糕一样摆放，
漂亮的蛋糕、蛋糕卷，
还有裱花可爱的水果蛋糕，
让人看一眼就会感到饥肠辘辘。
美味的蛋糕用作针插，
同样充满乐趣哦。

准备材料

{编织线} 奥林巴斯25号刺绣线：

作品35 本白色…5束，红色…1.5束，黄色…1束，绿色…0.5束

作品38 本白色…4束，茶色、米褐色…各1束，绿色…0.5束

作品40 本白色…4束，紫色（紫红色、粉紫色、紫褐色）…各1束，绿色、浅紫色…各0.5束

{其他材料} 作品35、38、40共通 填充棉…各少许

{针} 作品35、38、40共通 钩针2/0号

{成品尺寸} 参照图

※ 主体分成上部、侧面与底面钩织。

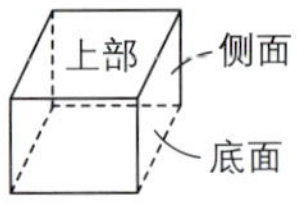

作品35、38、40 上部与侧面

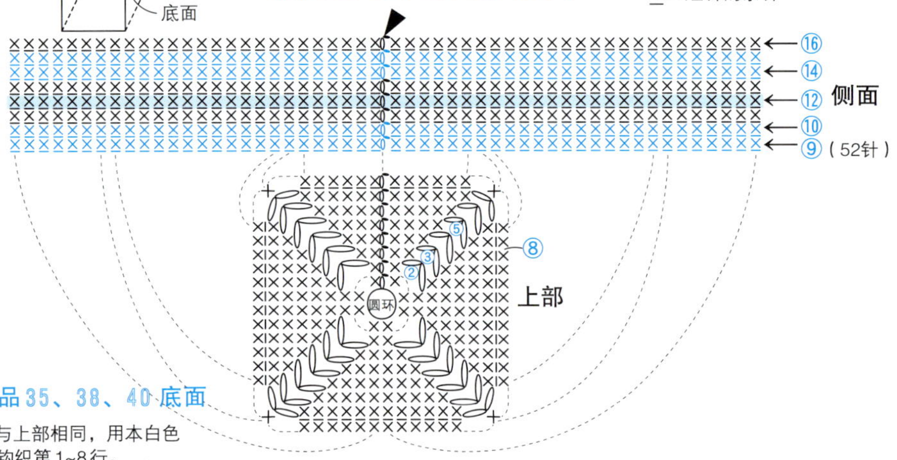

作品35、38、40 底面

※ 与上部相同，用本白色钩织第1~8行。

作品40 蓝莓

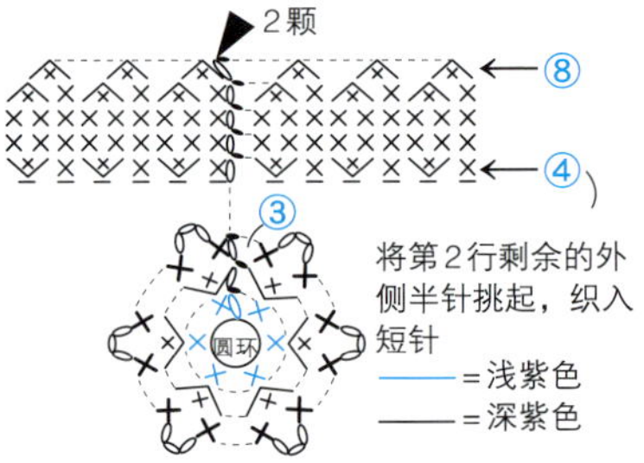

※ 将第3行的 × 处内侧半针挑起钩织。

主体（上部、侧面、底面）的配色表

	35	38	40
	红色	茶色	粉紫色
	黄色	米褐色	深紫色
	本白色	本白色	本白色

作品38 巧克力饰品 茶色 2块

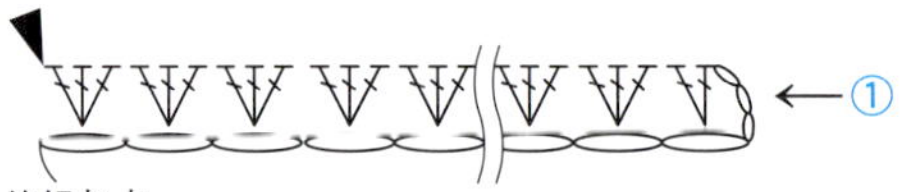

作品38 杏仁 茶色

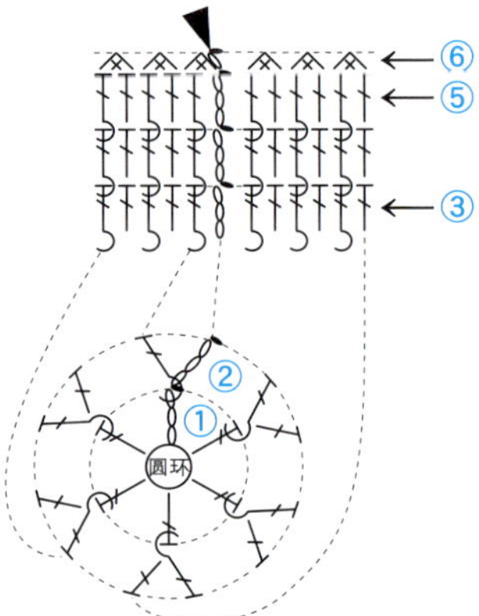

塞入同色线，线头穿入最终行，收紧

= 在上一行长针中织入1针长针，再织入1针长针的正拉针（参照P5的 ）

草莓

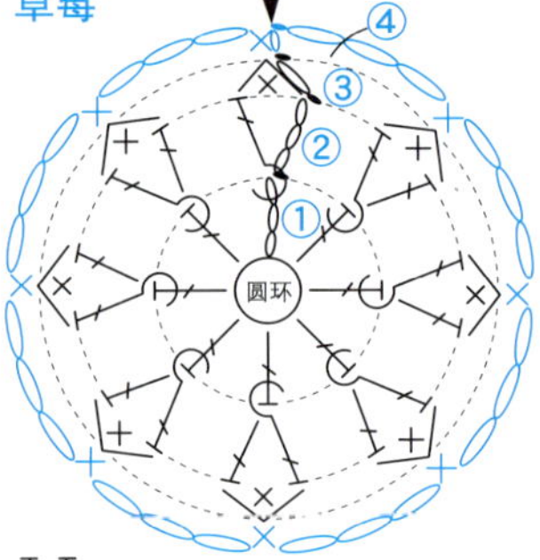

= 在上一行的长针中织入1针长针、1针长针的正拉针（参照P5的 ）

作品35 草莓 4颗

第4行…绿色

1~3行…红色

作品35、38、40 生奶油

※ 按草莓的方法钩织至第3行，第1~3行用本白色钩织。

作品35 4颗 作品38 2颗

作品40 2颗

作品40 木莓 粉紫色

※ 钩织方法与作品43（P47）相同。

作品38、40 薄荷叶

绿色 各1块

※ 钩织方法与作品37、39（P27）相同。

拼接方法

作品35

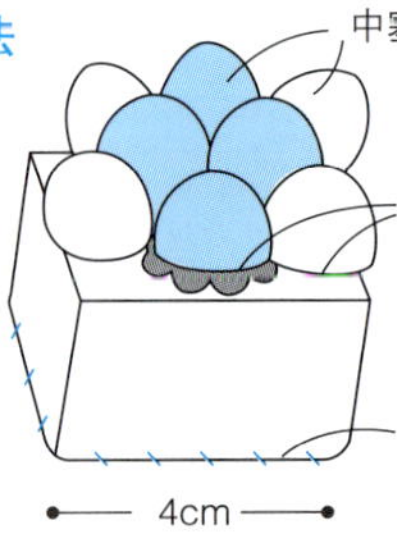

作品38

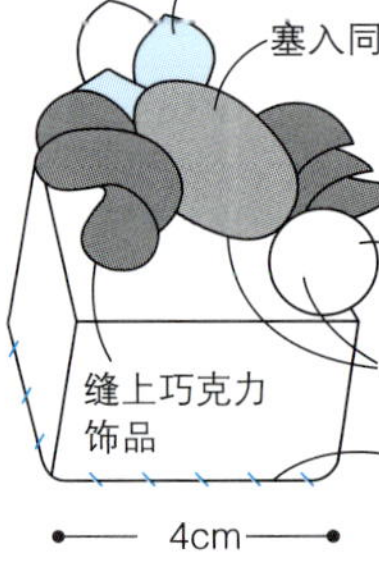

作品40

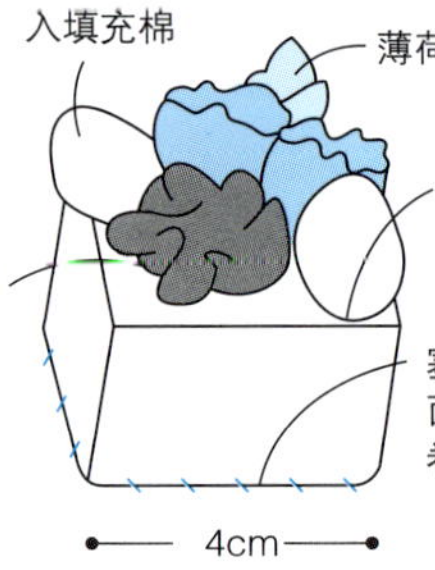

准备材料

{编织线}奥林巴斯25号刺绣线：
作品36 绿色…2束，黄绿色、黄色、粉褐色、茶色…各0.5束
作品37 茶色…2束，橙色、本白色…各1束，绿色、浅茶色…各0.5束
作品39 黄色…2束，红色…1束，绿色、本白色、粉色（深粉色、浅粉色）…各0.5束
{其他材料}作品36、37、39共通 厚纸（直径2cm）…各2张，填充棉…各少许，双面胶…适量
{针}作品36、37、39共通 钩针2/0号
{成品尺寸}参照图

作品36、37、39共通 主体的拼接方法 各1个

主体的侧面塞入厚纸，接着塞入填充棉，再从另一侧塞入厚纸。然后用卷针缝合侧面。

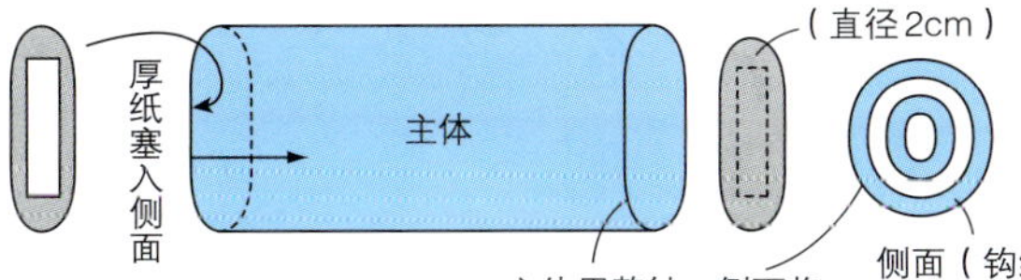

※厚纸贴上双面胶，塞入侧面。

主体用整针、侧面将外侧的半针挑起后进行卷缝处理

主体、侧面（短针）各1个

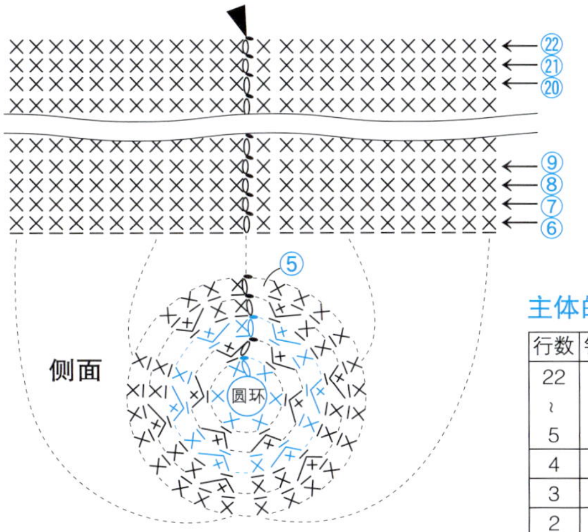

※钩织完主体后，再钩织侧面，用作盖子。再用同样的方法钩织另一块侧面的第1~4行。

作品37 橙子

橙色 2个

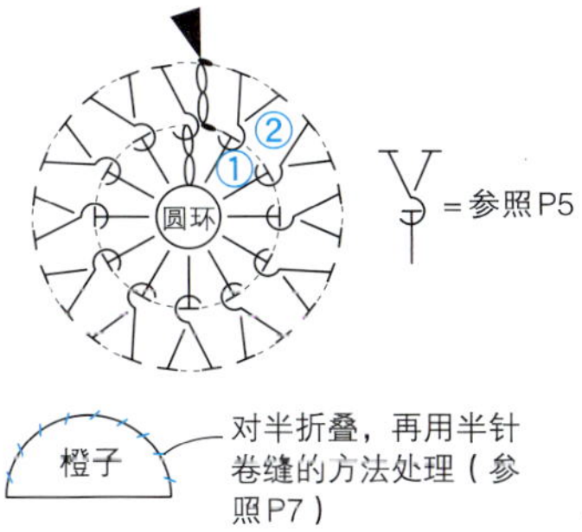

对半折叠，再用半针卷缝的方法处理（参照P7）

作品39 草莓切片

正面、反面 各3块

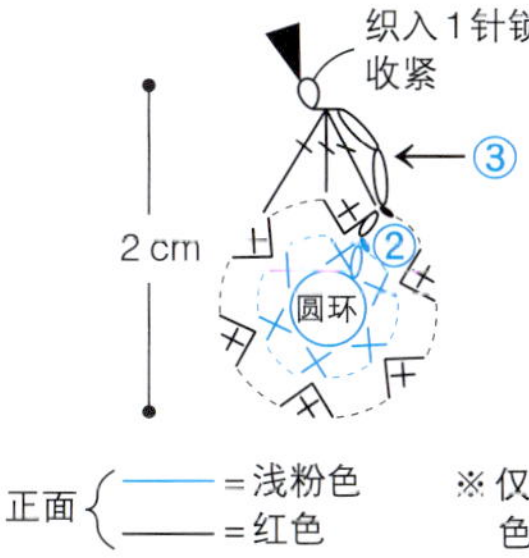

※仅反面用红色钩织。

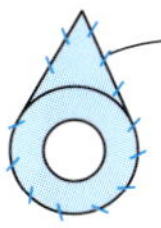

2块织片正面朝外相对合拢，用半针卷缝的方法处理，如此制作3组

主体的配色表

	36	37	38
—— (蓝)	黄绿色	浅茶色	深粉色
—— (黑)	绿色	茶色	本白色

※作品39从第4行开始用黄色编织。

主体的针数表

行数	针数	加针数
22~5	24	
4	24	+6
3	18	+6
2	12	+6
1	6	

╳ =短针的条针

作品37、38 薄荷叶

作品37 绿色 2块
作品39 绿色 3块

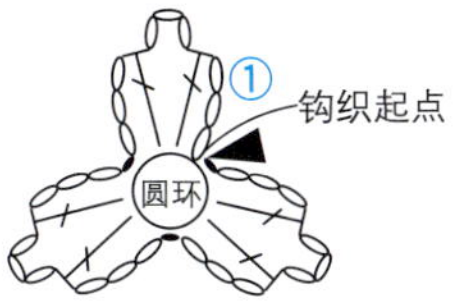

作品36 红豆奶油A

粉褐色

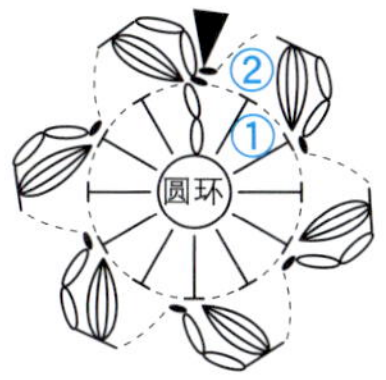

※反面用作正面。

作品36 栗子

钩织1~3行 黄色 1个
※按照作品35（P26）草莓的钩织方法，钩织至第3行，再塞入填充棉。

作品36 红豆奶油B 茶色

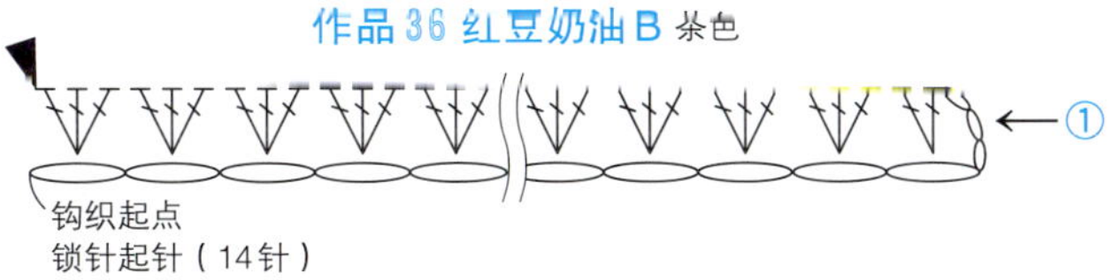

作品37 生奶油

钩织1~3行 本白色 2个
※按照作品35（P26）草莓的钩织方法，钩织至第3行，再塞入填充棉。

拼接方法

作品36

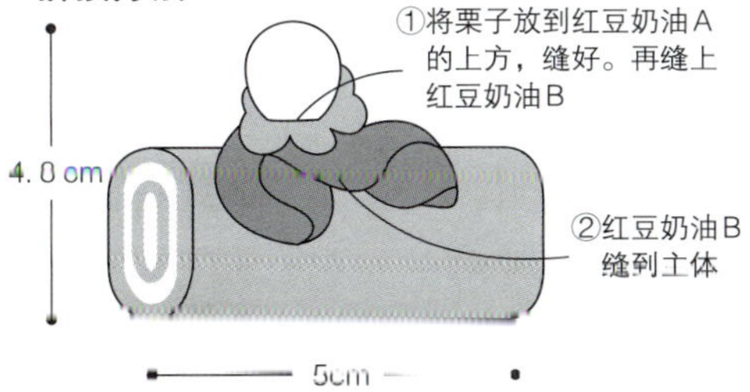

作品37

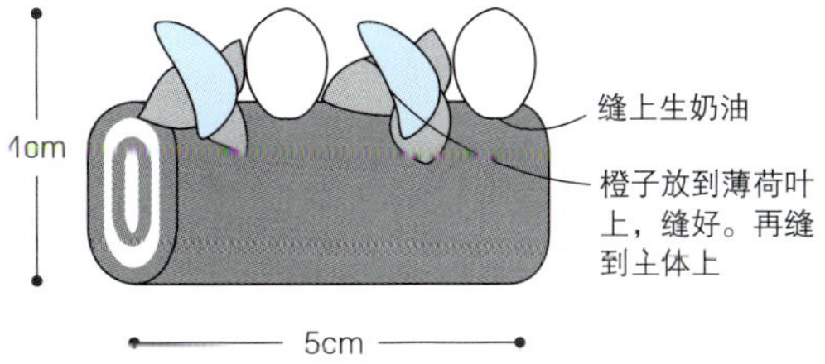

作品39

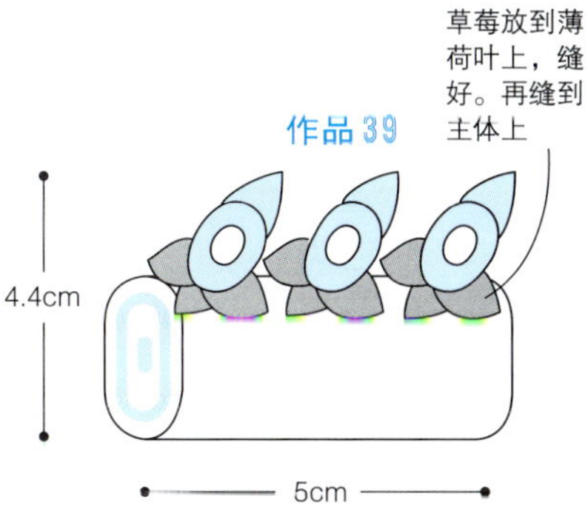

蛋糕小物收纳盒

制作方法 44……P30　45~47……P31

不知不觉间就会全部吃光的草莓蛋糕和巧克力蛋糕。
取掉奶油后便是精致的小物收纳盒。
非常适合将戒指、项链等饰物放到里面。

✿ 蛋糕卷、纸杯蛋糕

制作方法 48~50……P89　51……P31
重点课程 48、49……P5、6

可爱的裱花蛋糕卷与纸杯蛋糕，
漂亮的螺旋纹让人更加喜爱。
钩织完成后能散发出甜美的气质，
加上磁铁还可以贴到点心的菜单上……

{编织线}
奥林巴斯 Emmygrande：浅黄色…5g，白色…3g，茶色…少许，Emmygrande<Herbs>：粉色…4g，红色…1g

{其他材料}厚纸（10cm×10cm）…1张，双面胶…适量，透明胶…适量
{针}蕾丝针0号，钩针2/0、3/0号
{成品尺寸}参照图

侧面与侧面 浅黄色 2/0号

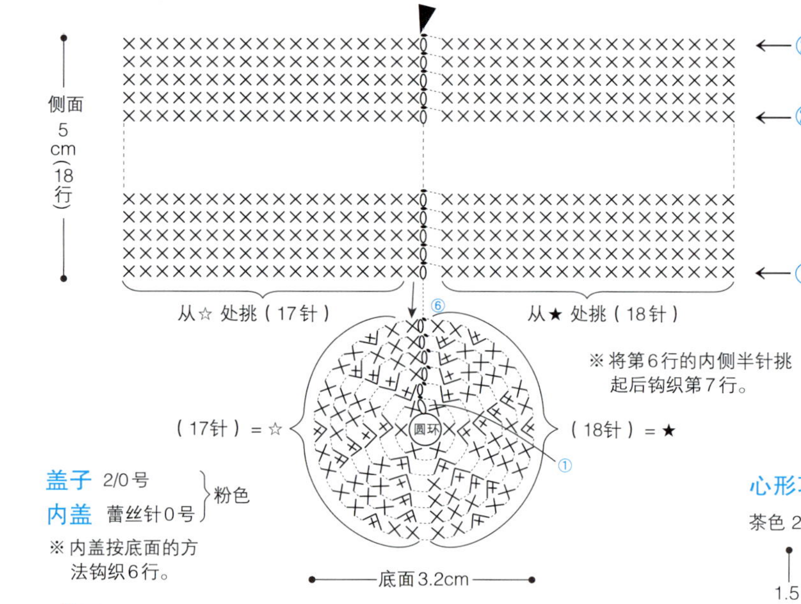

盖子 2/0号
内盖 蕾丝针0号
粉色
※内盖按底面的方法钩织6行。

蕾丝
白色 3/0号

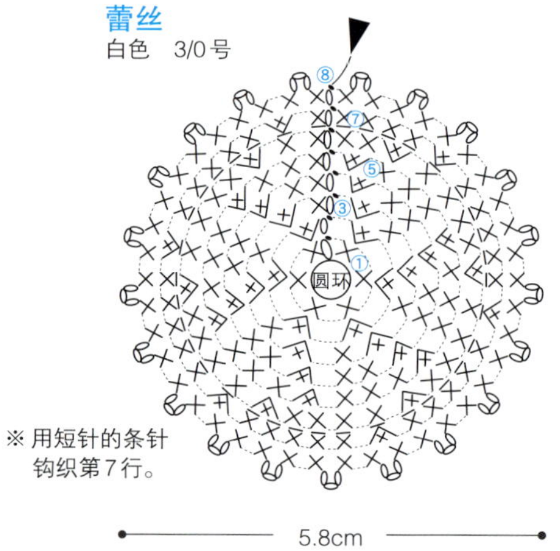

盖子
※按底面的方法钩织至第6行，再如图接着钩织第7行。

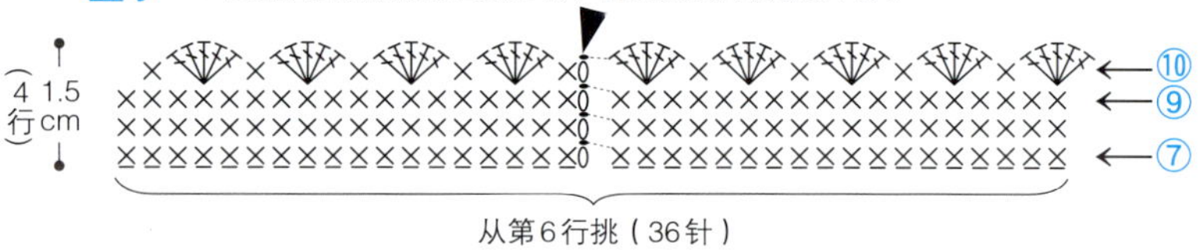

心形巧克力
茶色 2/0号

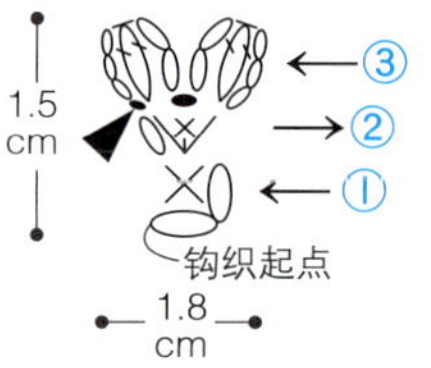

生奶油a
白色 2/0号
※反面用作正面。

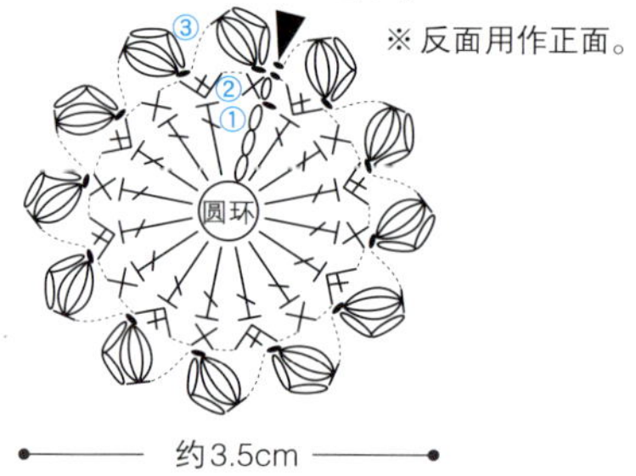

基底
用厚纸制作

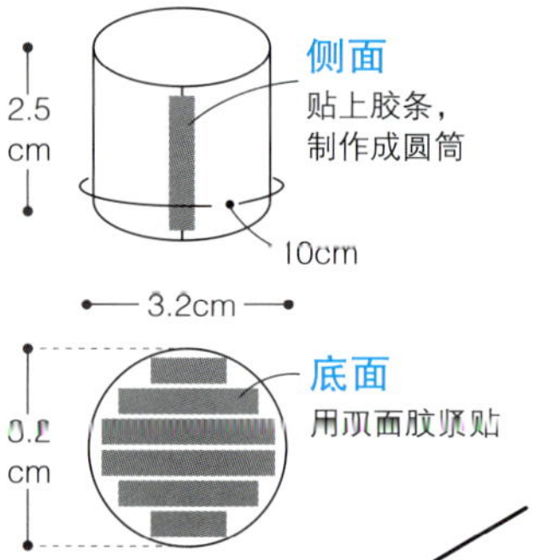

主体的拼接方法

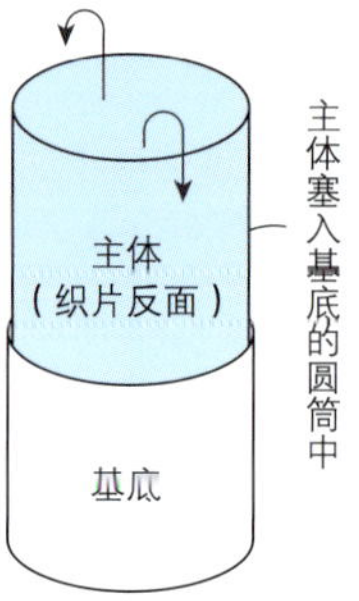

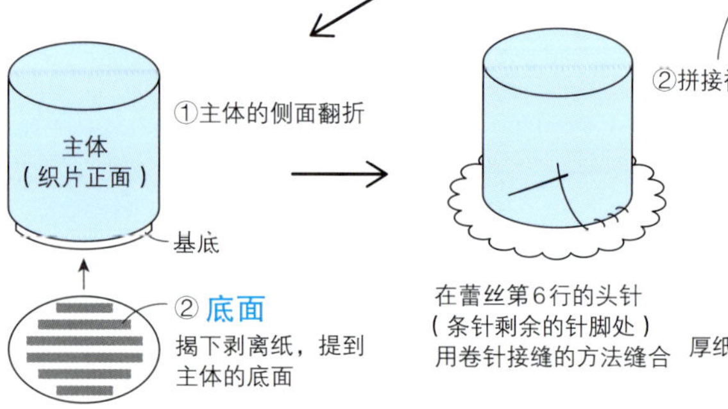

草莓切片
2/0号 各2块

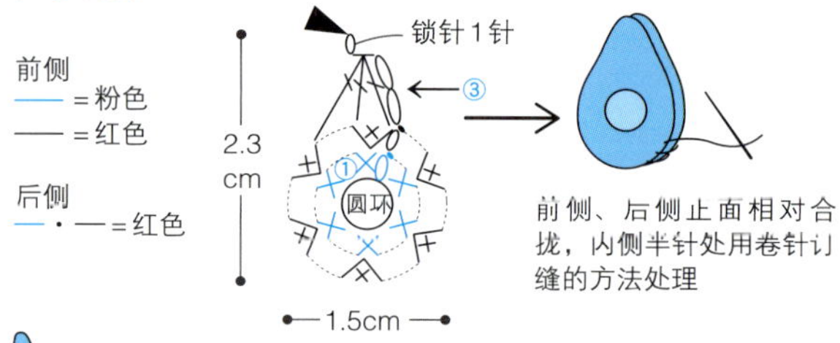

盖子的拼接方法
※反面用作正面。

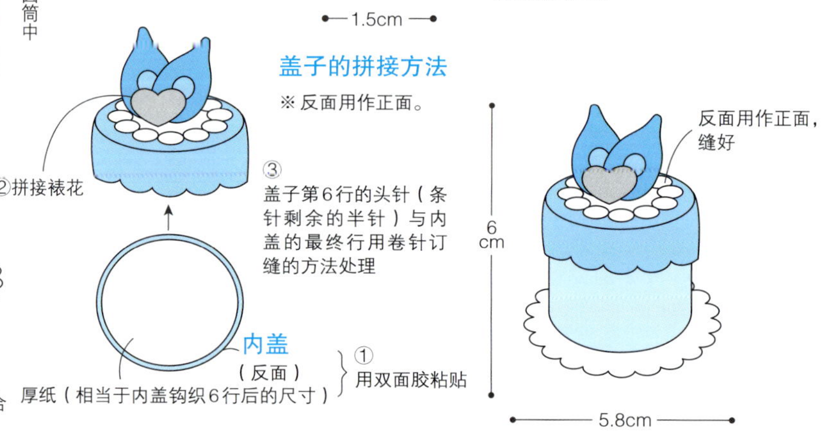

45 ✿ 图片 P28

准备材料

{编织线}奥林巴斯 Emmygrande：浅黄色…5g，白色…3g，茶色…少许，Emmygrande<Herbs>：粉色…4g，红色…1g

{其他材料}厚纸（10cm × 10cm）…1张，双面胶、透明胶…适量

{针}蕾丝针0号，钩针2/0、3/0号

{成品尺寸}参照图

底面与侧面、盖子（内盖）、蕾丝草莓切片、生奶油a：钩织方法、配色、拼接方法参照作品44（P30）

百奇 —— =茶色 2/0号 ● · ⬭ =白色 蕾丝针0号

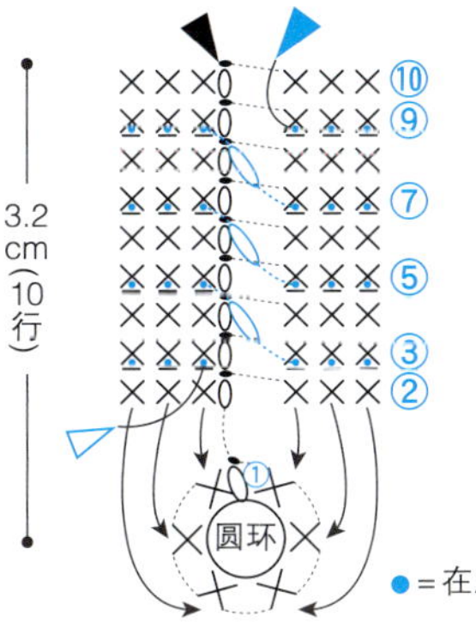

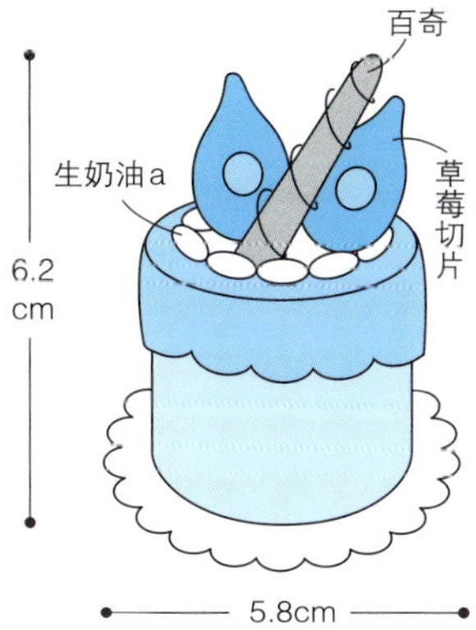

● =在后面条针剩下的半针中织入引拔针

45 ✿ 图片 P28

准备材料

{编织线}奥林巴斯 Emmygrande：米褐色…5g，白色…2g Emmygrande<Herbs>：焦茶色…3g，红色…1g，Emmygrande<Colors>：绿色…少许

{其他材料}厚纸（10cm × 10cm）…1张，双面胶、透明胶…适量，填充棉…少许

{针}蕾丝针0号，钩针2/0、3/0号

{成品尺寸}参照图

底面与侧面 米褐色、盖子（内盖）焦茶色、蕾丝 白色：钩织方法、拼接方法参照作品44（P30）

生奶油b 白色 2/0号 3块

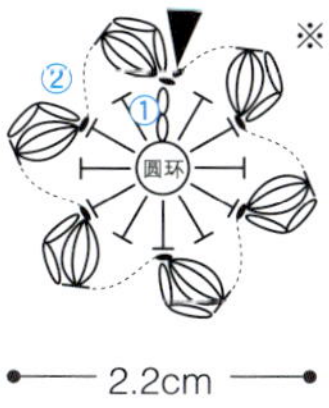

※反面用作正面。

草莓 2/0号 3个

—— =红色
—— =绿色

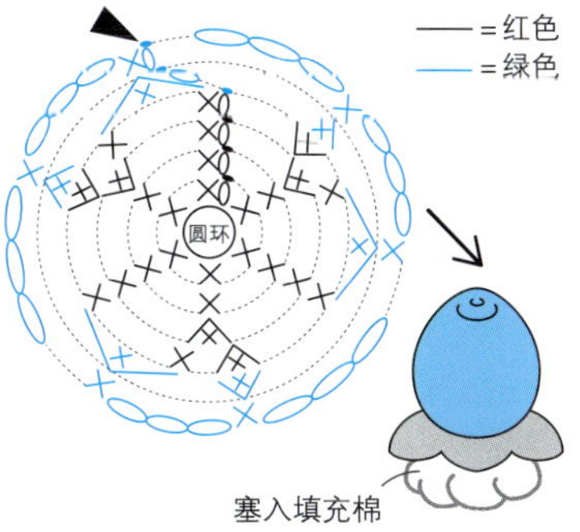

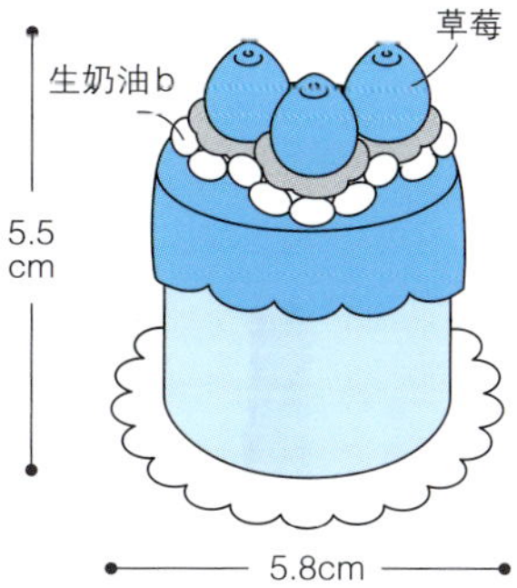

47 ✿ 图片 P28

准备材料

{编织线}奥林巴斯Emmygrande：米褐色…5g，白色…2g，深紫色…1g，Emmygrande<Herbs>：焦茶色…3g，红色…少许，Emmygrande<Colors>：绿色…少许

{其他材料}厚纸（10cm × 10cm）…1张，填充棉…少许，双面胶、透明胶…适量

{针}蕾丝针0号，钩针2/0、3/0号

{成品尺寸}参照图

底面与侧面、蕾丝、盖子（内盖）：钩织方法、拼接方法参照作品44（P30），配色参照作品44（P30）

草莓 参照作品46

生奶油a 参照作品44（P30）

蓝莓酱
深紫色

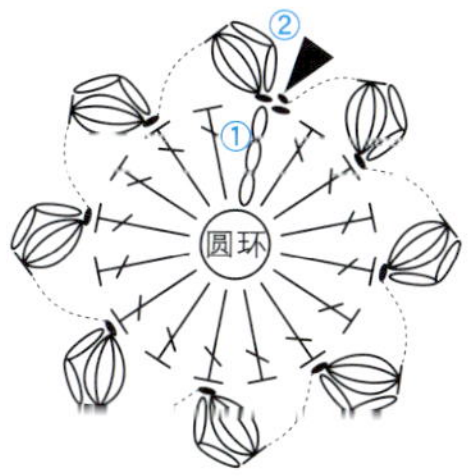

※反面用作正面。

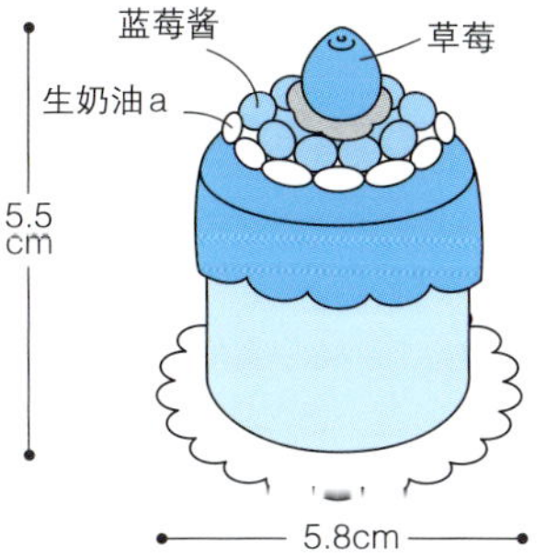

51 ✿ 图片 P29

准备材料

{编织线}奥林巴斯 Emmygrande：薄荷绿…2g，深米褐色、白色…各1g，奥林巴斯Emmygrande<Colors>：橙色…1g，黄绿色…少许，Emmygrande<Herbs>：茶色…2g

{其他材料}填充棉…少许，厚纸（直径2.5）…1张，双面胶…适量

{针}钩针2/0号

{成品尺寸}参照图

主体 —— =薄荷绿 —— =茶色、杯子 深米褐色：钩织方法参照作品50（P89）

生奶油 白色 参照作品47（P30）蓝莓酱

叶子 黄绿色 钩织方法参照作品48（P89）

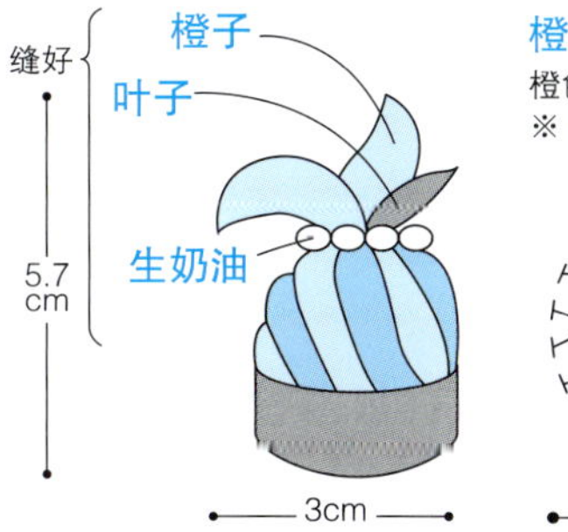

橙子
橙色 2块
※ 拼接方法参照P6裱花奇异果。

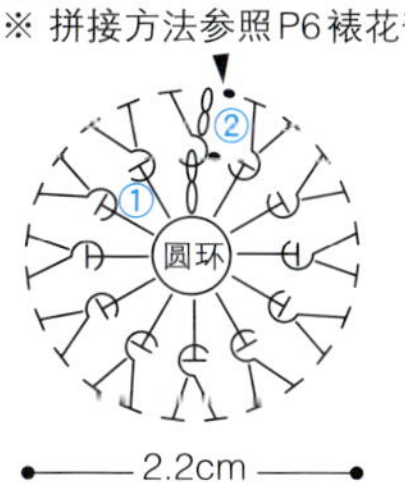

✿ 奶油蛋糕、水果蛋挞

制作方法……P34、85

与实物一模一样的蛋糕钥匙扣。忍不住想问，到底哪件才是真的？究竟是吃奶油蛋糕还是水果蛋挞呢，好难选择哦！

✿ 冰淇淋

制作方法…P35

用女孩最爱的冰淇淋制作而成的钥匙扣。
在单球和双球上加入巧克力棒和坚果做点缀。

准备材料

{编织线} Daruma手工编织线 小卷Café Demi：
作品52 本白色…5g，胭脂色…2g，珍珠粉、橄榄绿、白色…各少许
作品53 棕色…3g，本白色…2g，黄色、橄榄绿、焦茶色、胭脂色、白色…各少许
{其他材料} 作品52、53共通
TOHO，圆形扣5mm（金色）…1个，钥匙扣（金色）…1个，填充棉…适量，粘合剂…适量
{针} 作品52、53共通
钩针3/0号
{成品尺寸} 参照图

钩织方法顺序

作品52

1 上面与底面先织入2针起针，然后再用短针钩织。
2 接着上面的钩织终点处继续向底面方向钩织7行侧面。
3 钩织奶油、草莓，在购置草莓的中途塞入填充棉，收紧最终行。然后用平式花瓣针迹绣出蒂（参照P96）。
4 在步骤2中塞入填充棉，与底面用卷针缝合的方法处理。将奶油缝到上面，呈环形。再将草莓缝到中心。
5 圆形扣拼接到边角处，穿入钥匙扣。

作品53

1 钩织蛋挞底，用焦茶色的2股线在第9行绣出法式结粒绣针迹（参照P96）。
2 钩织2块奇异果，对折后内侧的半针用卷针订缝，然后绣出法式结粒绣针迹（参照P96）。
3 钩织樱桃，穿入焦茶色的编织线，线头打结后制作出茎。塞入填充棉，最终行收紧。
4 用白色与黄色各钩织1块奶油。
5 在蛋挞底涂上粘合剂，粘贴各部分。再在后面拼接圆形扣，穿入钥匙扣。

作品52 草莓

胭脂色 1块

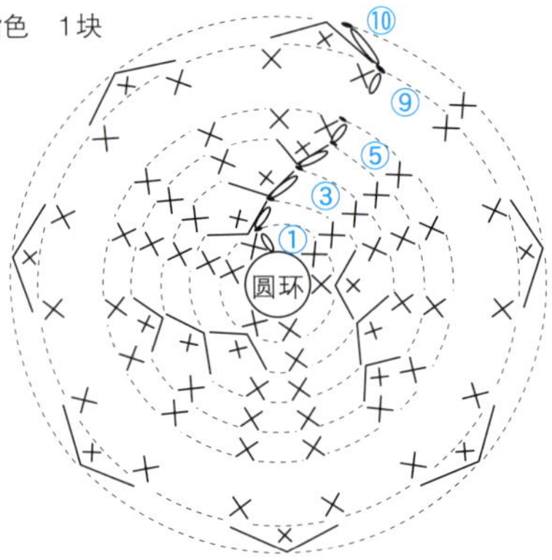

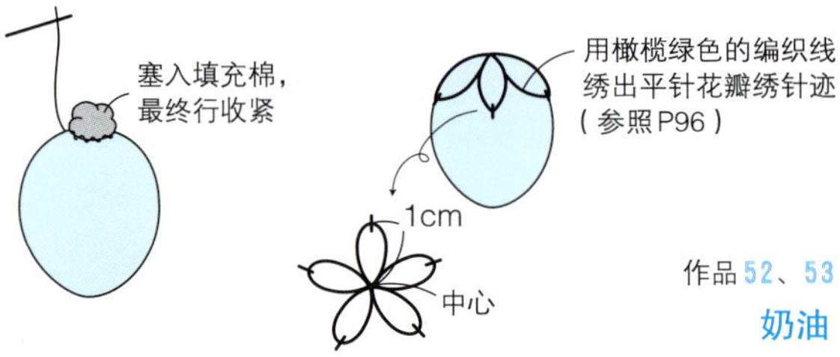

草莓的针数表

行数	针数	加减针数
10	8	－7
5～9	15	
4	15	每行+3
3	12	
2	9	
1	6	

作品52、53 共通 作品52＝白色 1块
作品53＝白色、黄色 各1块

奶油

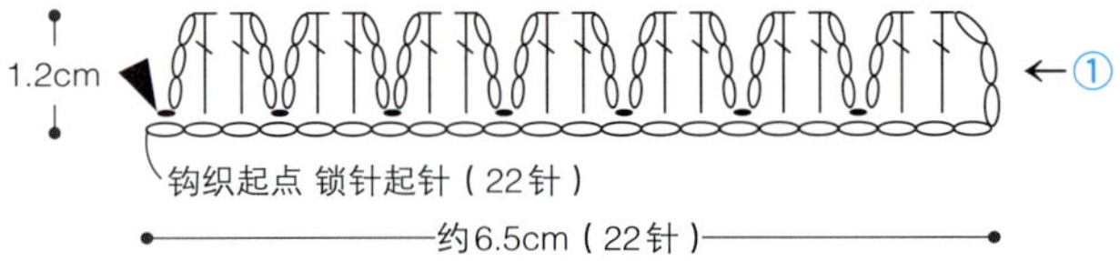

作品52 上面、底面

本白色 各1块

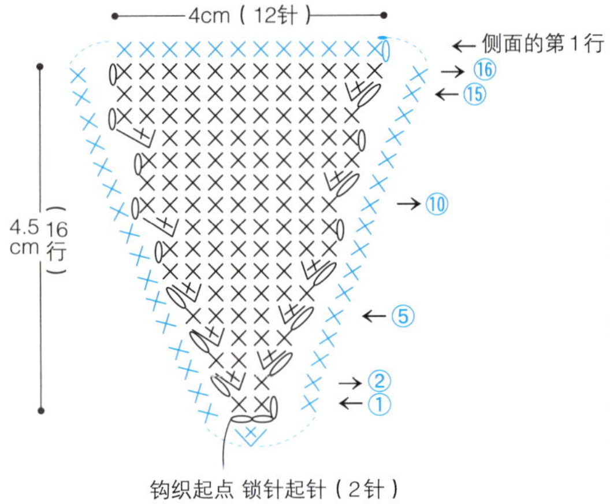

X̲＝短针的条针
X＝反短针

作品53 蛋挞底

棕色 1个

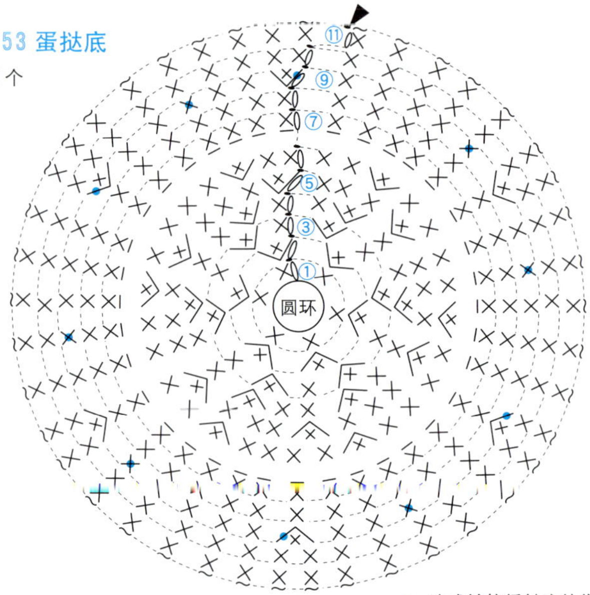

●＝法式结粒绣针迹的位置（参照P96）

蛋挞底的针数表

行数	针数	加减针数
10～11	42	
9	42	＋6
7～8	36	
6	36	每行+6
5	30	
4	24	
3	18	
2	12	
1	6	

作品52 侧面

1块

X＝本白色
X＝珍珠粉

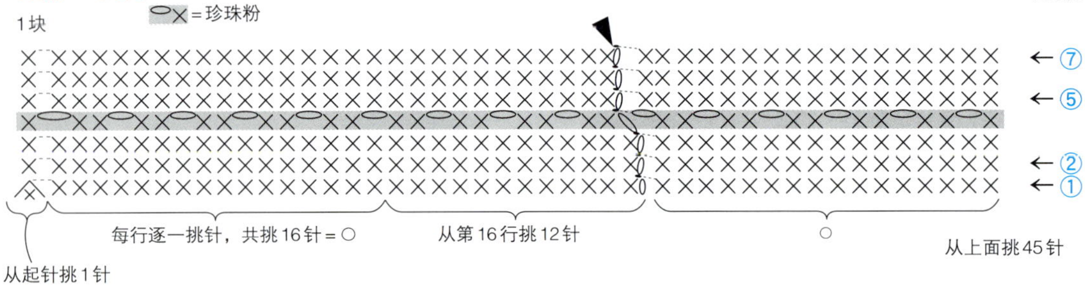

下面参见P85

准备材料

{编织线} Daruma手工编织线 小卷Café Demi：

作品54 芥末色…1.3g，本白色…0.8g，珍珠粉…0.6g，红色、焦茶色…各少许

作品55 芥末色…1.3g，淡蓝色…0.7g，焦茶色…少许

{其他材料} 作品54、55共通

TOHO：球链（银色）…1根，圆形扣5mm（银色）…1个，填充棉…适量

{针} 作品54、55共通 钩针3/0号

{成品尺寸} 参照图

钩织方法顺序

作品54

1 蛋筒与大、小冰淇淋球先进行圆环起针，然后按照图示方法钩织，再塞入填充棉。

2 大、小冰淇淋球缝到蛋筒的内侧。

3 用两种颜色在冰淇淋球上均匀地进行刺绣。

4 拼接圆形扣，再接上球链。

作品55

1 蛋筒与大冰淇淋球按照作品54的方法钩织。

2 巧克力棒先织入6针锁针起针，然后按照图示方法钩织，对折后卷缝缝合。

3 参照拼接方法图，将各部分拼接。

4 最后接上圆形扣和球链。

蛋筒 作品54、55共通 芥末色

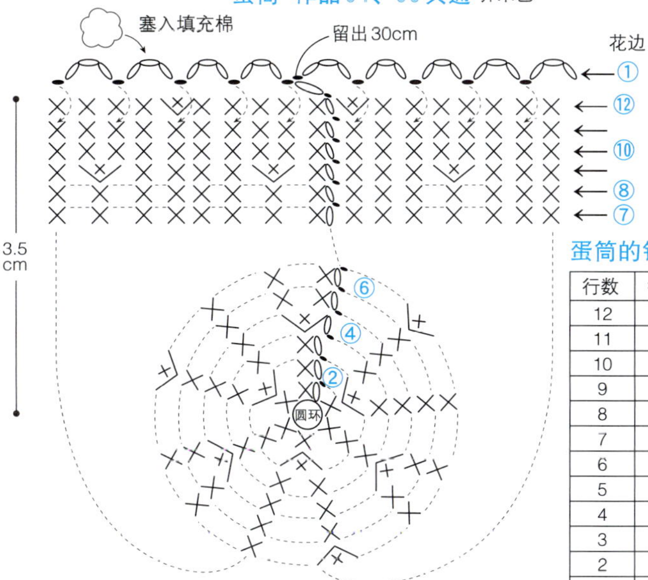

※ 钩织花边时，将第12行置于内侧，再在第11行处钩织。

蛋筒的针数表

行数	针数	加针数
12	21	+3
11	18	
10	18	
9	18	+3
8	15	
7	15	
6	15	+3
5	12	
4	12	+3
3	9	
2	9	+3
1	6	

冰淇淋球（大） 作品54、55共通

作品54=本白色
作品55=淡蓝色

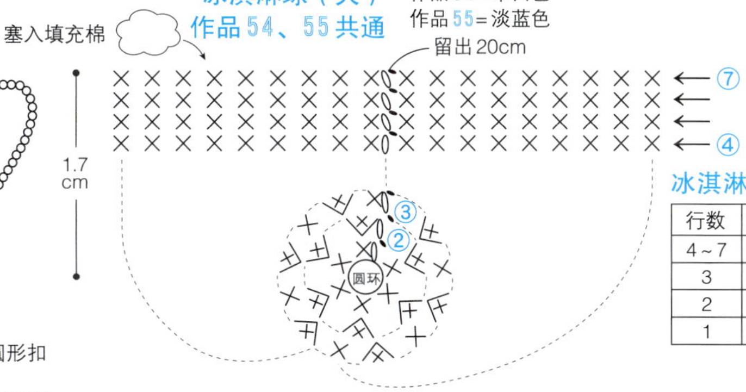

冰淇淋球（大）的针数表

行数	针数	加针数
4～7	18	
3	18	+6
2	12	+6
1	6	

作品54 拼接方法

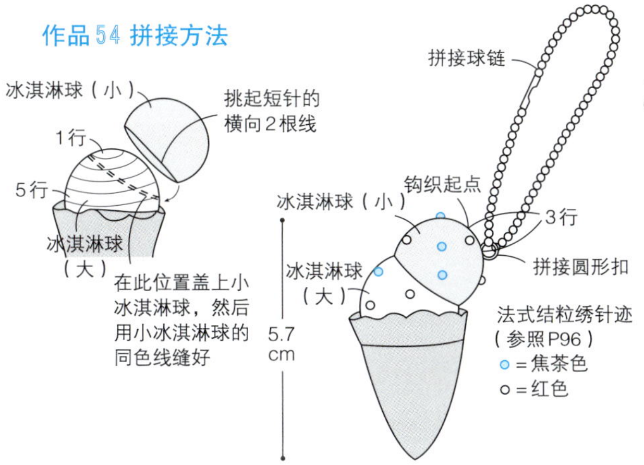

作品54 冰淇淋球（小） 珍珠粉

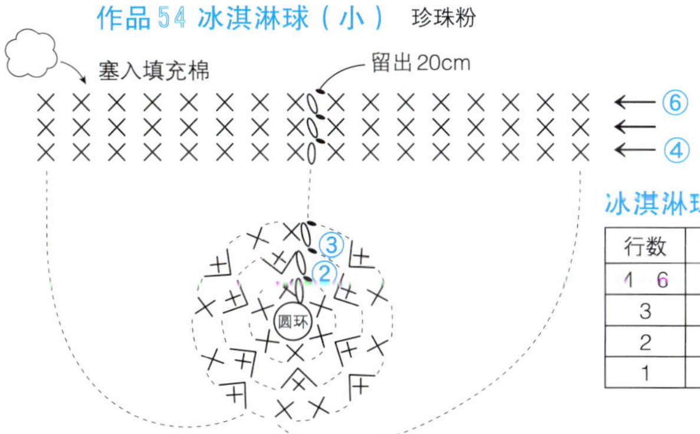

冰淇淋球（小）的针数表

行数	针数	加针数
4～6	16	
3	16	+4
2	12	+6
1	6	

作品55 拼接方法

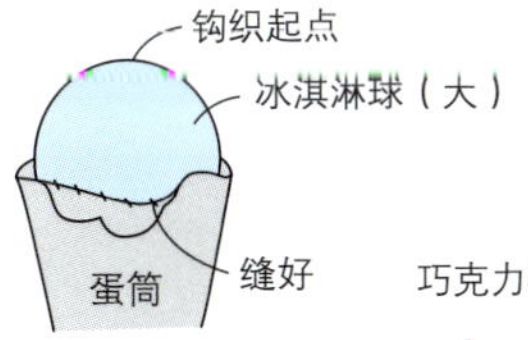

冰淇淋球放到蛋筒内侧，再将冰淇淋球第7行的横向2根线与蛋筒的第11行挑起后缝好

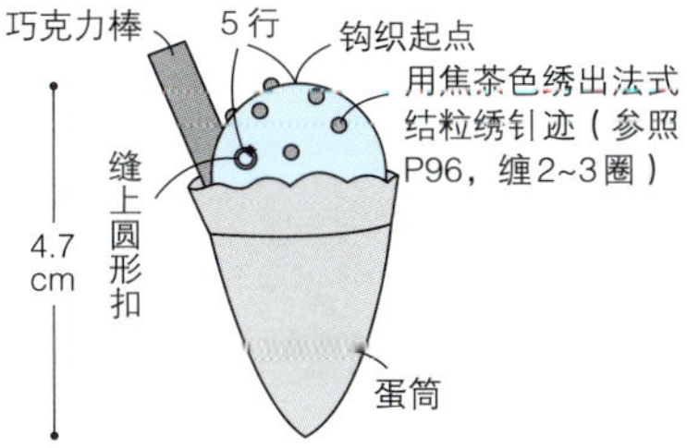

※ 用刺绣线在8个位置进行刺绣，注意平衡。巧克力棒缝到冰淇淋球的第7行。

作品55 巧克力棒

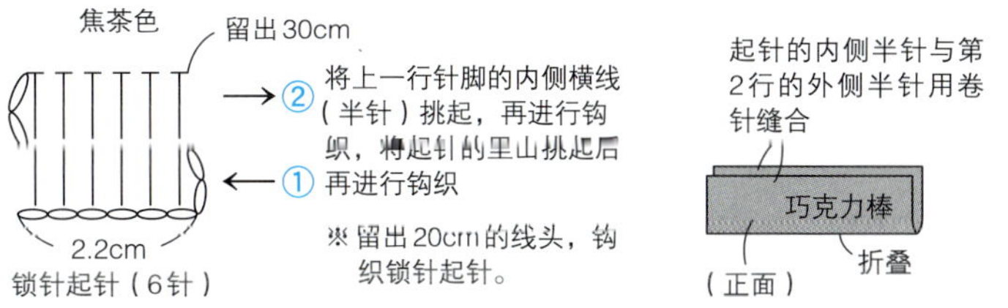

✿ 蔬菜盒

制作方法 56~58……P86　59~61……P87

表情丰富、引人注目的茄子和迷你西红柿。
放在盒子里，组成健康时尚的蔬菜盒。

✿ 蔬菜

制作方法 62~64……P38　65~67……P39

颜色轻柔、造型逼真的蔬菜花样。
加上手机链，立马变成可爱精致的饰品。

62 ✿ 图片 P37

准备材料

{编织线}奥林巴斯 Emmygrande：紫色（浅紫色、深紫色）…各少许
{其他材料}填充棉…少许
{针}蕾丝针0号
{成品尺寸}参照图

钩织方法顺序

主体内塞入填充棉，再缝上蒂，盖在顶部。

主体 紫色（浅紫色）

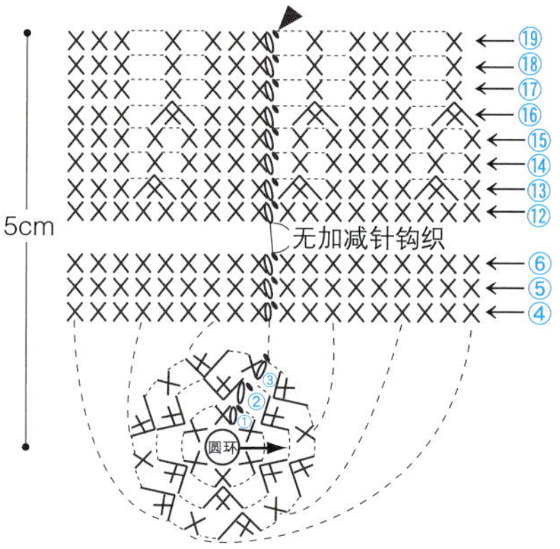

蒂 紫色（深紫色）

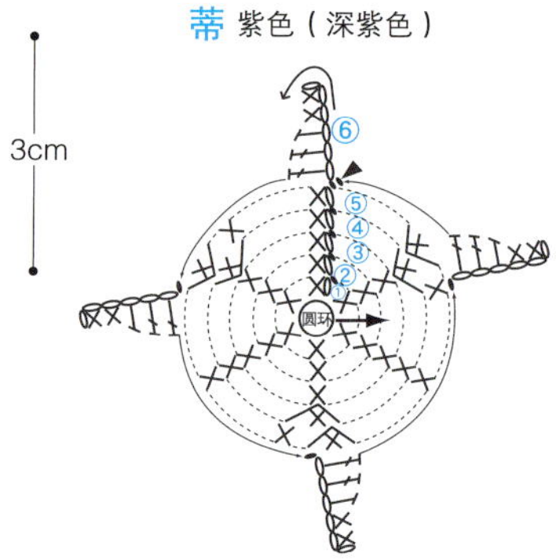

拼接方法

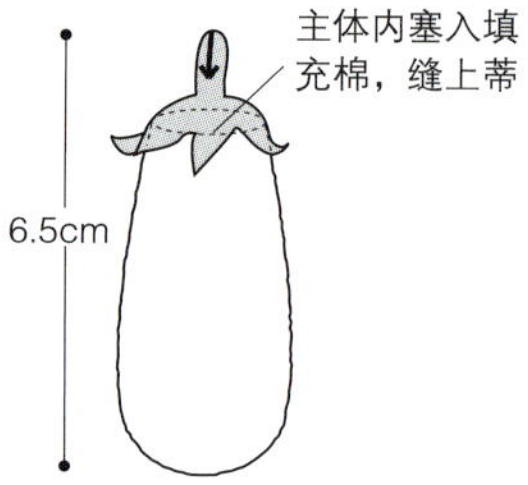

63 ✿ 图片 P37

准备材料

{编织线}奥林巴斯 Emmygrande：黄褐色、浅褐色…各少许
{其他材料}填充棉…少许
{针}蕾丝针0号
{成品尺寸}参照图

钩织方法顺序

蘑菇伞的内侧钩织6行，外侧钩织7行。
蘑菇伞与茎部塞入填充棉，按照图示方法拼接。

拼接方法

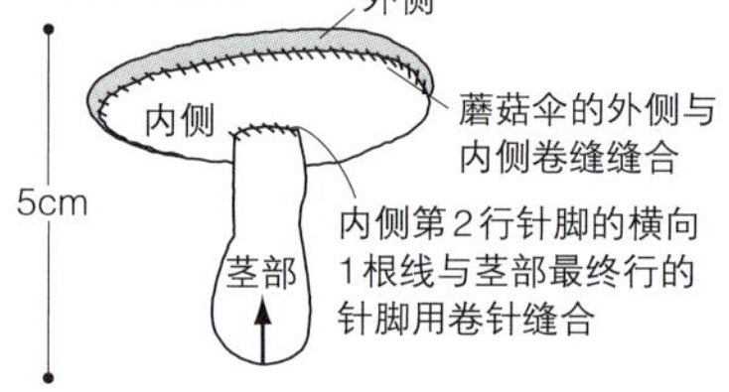

蘑菇伞 外侧…黄褐色 内侧…浅褐色

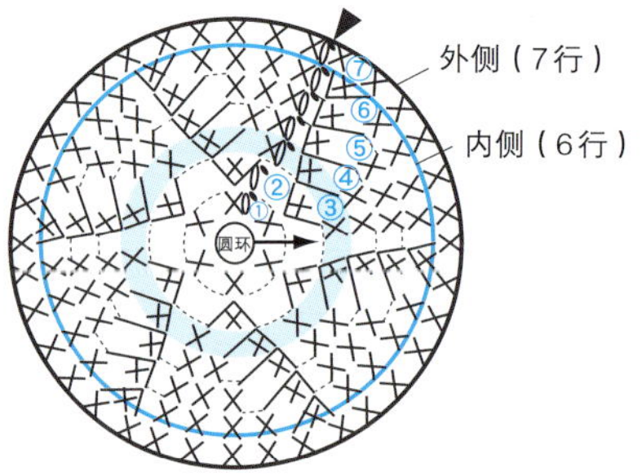

※ 按照记号图钩织外侧的第1~7行。
※ 钩织内侧的第1~6行，仅第3行（ 部分）用短针的条针钩织。

将X换成X、V换成V后钩织

茎部 浅褐色

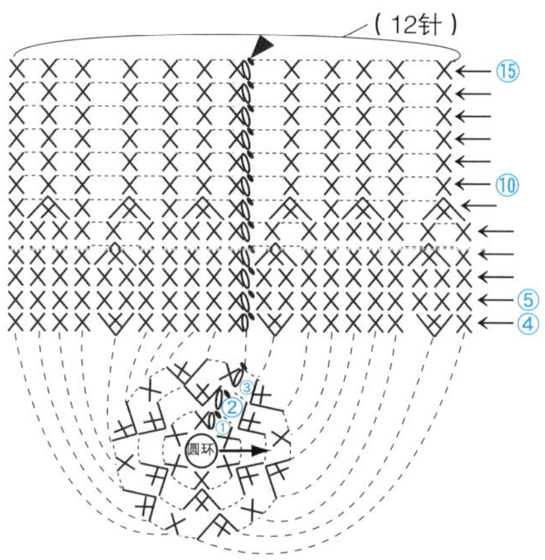

64 ✿ 图片 P37

准备材料

{编织线}奥林巴斯 Emmygrande：黄色、黄绿色…各少许
{其他材料}填充棉…少许
{针}蕾丝针0号
{成品尺寸}参照图

钩织方法顺序

同样的玉米皮钩织2块，然后卷缝成1块，再包住果实，缝好固定。

果实 黄色

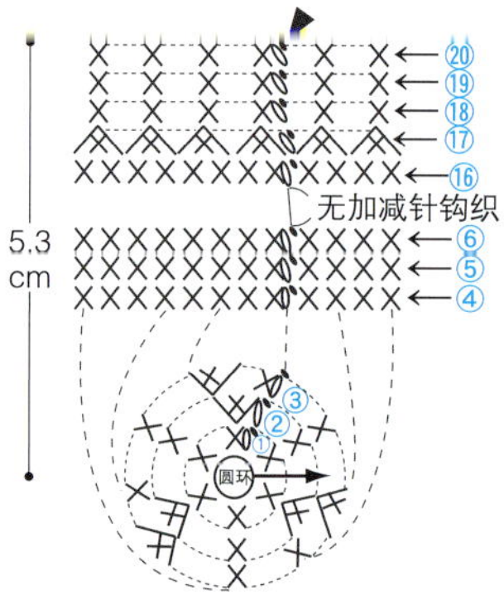

※ 钩织完第16行后塞入填充棉。
※ 编织线穿入最终的针脚中，收紧。

玉米皮 黄绿色 2块

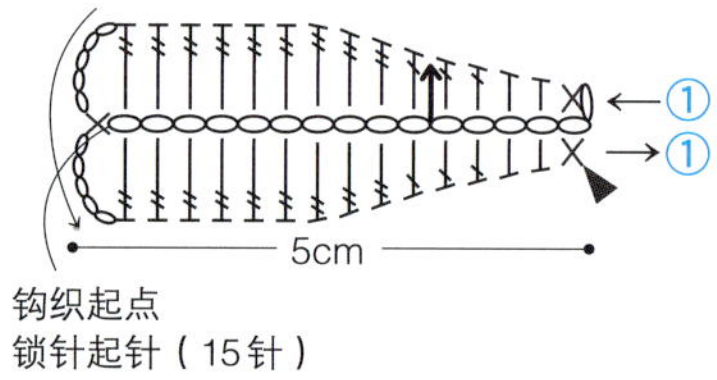

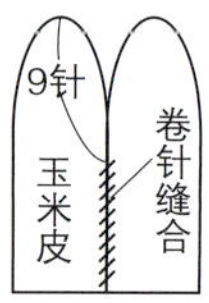

拼接方法

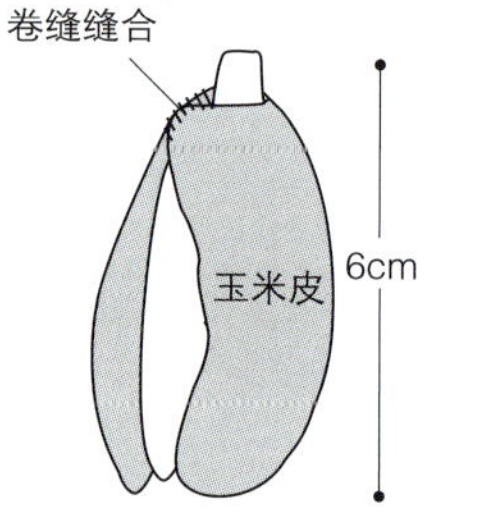

65 ✿ 图片 P37

准备材料

{编织线} 奥林巴斯 Emmygrande：
粉色、黄绿色…各少许
{其他材料} 填充棉…少许
{针} 蕾丝针0号
{成品尺寸} 参照图

钩织方法

将果实起点留出的线头拆开，用作根茎。

拼接方法

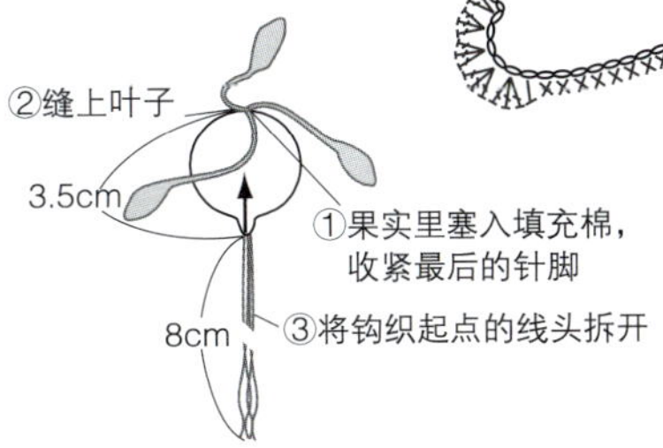

叶子 黄绿色

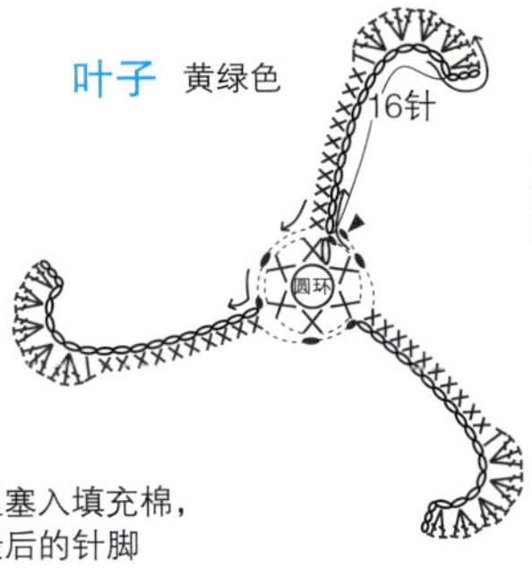

果实 粉色

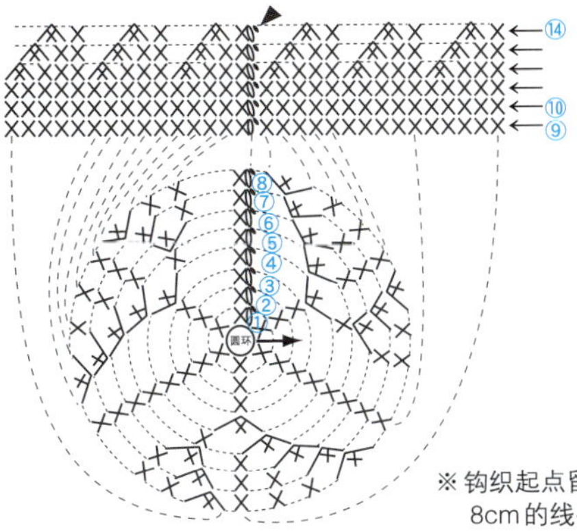

※ 钩织起点留出8cm的线头。

66 ✿ 图片 P37

准备材料

{编织线} 奥林巴斯 Emmygrande：
红色、深绿色…各少许
{其他材料} 填充棉…少许
{针} 蕾丝针0号
{成品尺寸} 参照图

钩织方法顺序

蒂用作装饰，缝到主体顶部。

主体 红色

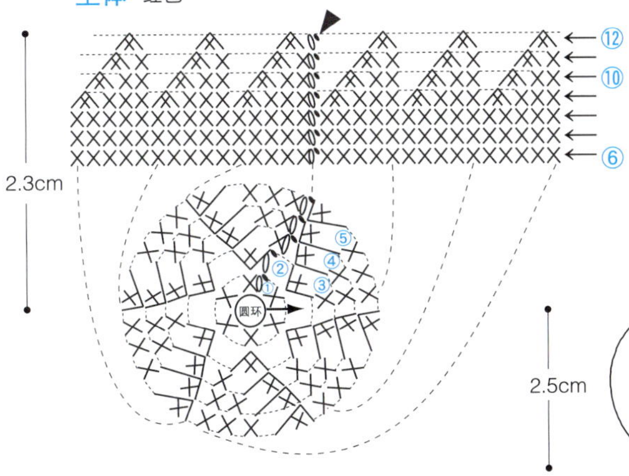

蒂 深绿色

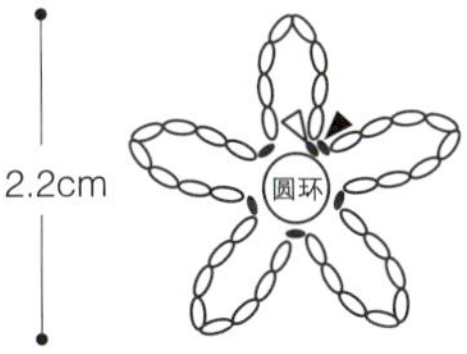

拼接方法

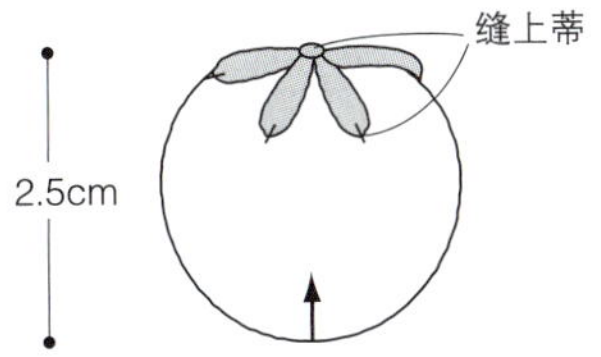

67 ✿ 图片 P37

准备材料

{编织线} 奥林巴斯 Emmygrande：
黄绿色、深绿色…各少许
{其他材料} 填充棉…少许
{针} 蕾丝针0号
{成品尺寸} 参照图

钩织方法顺序

钩织豆荚1块、豆粒3颗，按照图示方法拼接。

豆荚 深绿色

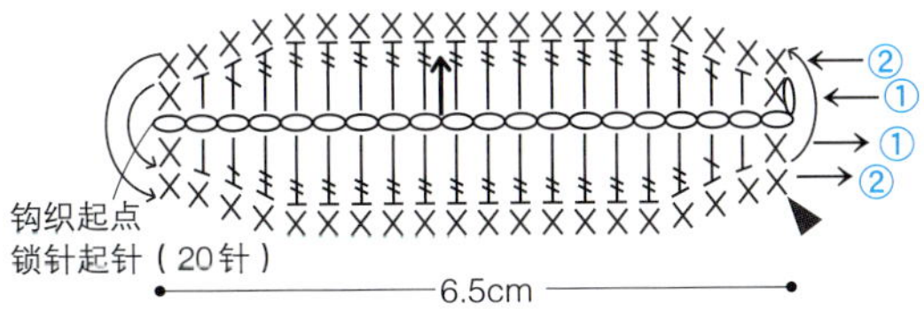

豆粒 3颗 黄绿色

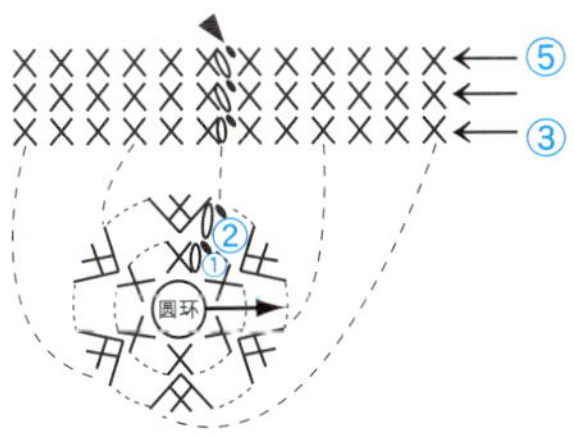

拼接方法

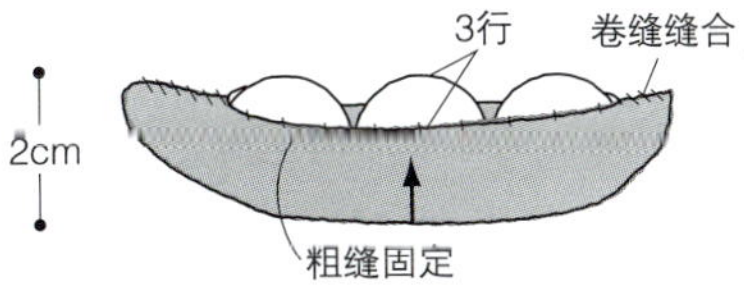

※ 豆荚对折后夹住3颗豆粒，再按图示方法用深绿色线缝好。

✿ 鸭梨、苹果

制作方法 61……P71　69~72……P42

美味可口的梨与苹果。
加上圆形扣后可以变成手机链或项链的吊坠。也可以加入小巧的饰花别针，制作成漂亮的个性饰品。

草莓

制作方法……P43

怜人的小花与两颗摇曳的草莓，搭配出可爱的钥匙扣。
还可以用饰花别针把草莓一颗一颗地固定上。
除帽子以外，也可以用于装饰衣物或围巾，演绎冬日的时尚。

准备材料

{编织线}

作品69 奥林巴斯 Emmygrande：黄绿色…2g，深绿色…少许

作品70 奥林巴斯 Emmygrande<Bijou>：红色…2g，Emmygrande：奶油色…1g，深绿色…少许

作品71 奥林巴斯 Emmygrande<Bijou>：红色…2g，深绿色…少许

作品72 奥林巴斯 Emmygrande：黄绿色…2g，奶油色…1g，深绿色…少许

{其他材料}作品69、71共通 填充棉…适量

{针}作品69、71 钩针2/0号 作品70、72 蕾丝针0号

{成品尺寸}参照图

钩织方法顺序

作品69、71共通

1 果实用圆环进行起针，然后按照图示方法钩织。塞入填充棉，编织线穿入最终行的7个针脚中，收紧。

2 茎与叶子先织入6针锁针起针（茎的部分），然后将锁针的里山挑起，钩织引拔针。接着再用8针锁针钩织叶子。

3 果实部分，将之前收紧的线按图示穿入顶部与底部，形成凹陷。再将叶子与茎部缝到果实的顶部，注意整体平衡。

作品70、72共通

1 内侧与外侧用圆环进行起针，然后按照图示方法钩织。内侧的第3行用短针的条针进行钩织。

2 内侧与外侧正面朝外相对合拢，中途塞入填充棉，同时用整针卷缝的方法处理。外侧穿入编织线，形成凹陷。按同样的方法再钩织1组。

3 钩织芯的第1行时，将剩余内侧的半针（横线）挑起后钩织。按照图示方法钩织，塞入填充棉，再在另一组果实的内侧半针（横线）处用卷缝缝合的方法处理。

4 茎部用锁针6针起针，然后将锁针的里山挑起，再织入引拔针。接着织入8针锁针，钩织叶子。

5 最后将茎、叶子拼接到颈部顶部，注意整体平衡，完成。

茎与叶子 深绿

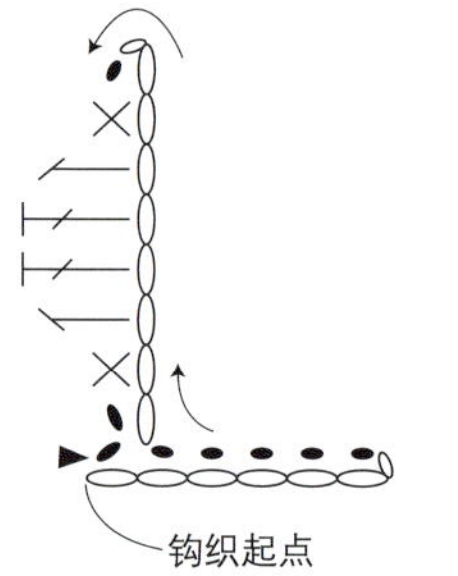

圆形苹果（果实）

作品69、71 共通

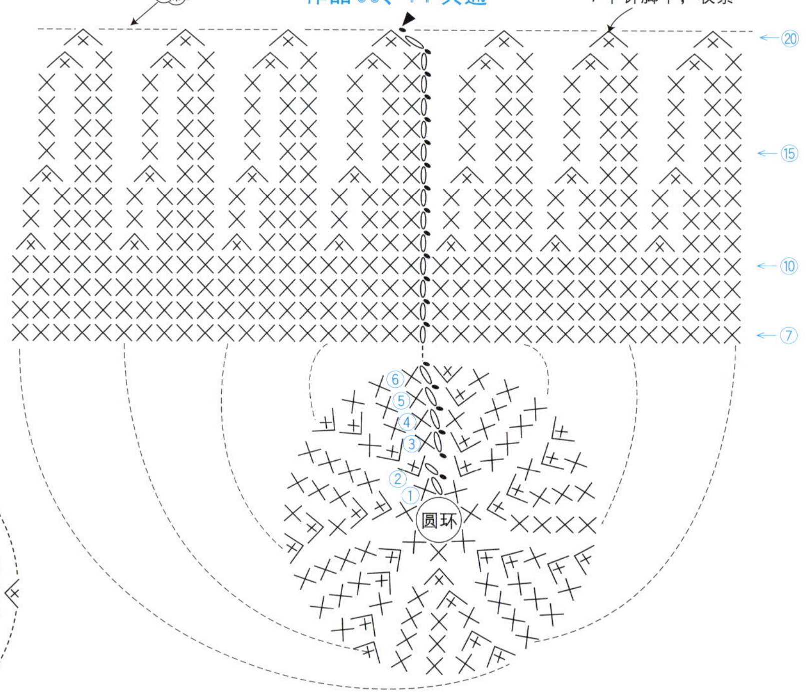

圆形苹果（果实）的针数表

行数	针数	
20	7针	每行−7针
19	14针	
18	21针	无加减针
17	21针	
16	21针	
15	21针	
14	21针	−7针
13	28针	无加减针
12	28针	
11	28针	−7针
10	35针	无加减针
9	35针	
8	35针	
7	35针	
6	35针	每行+7针
5	28针	
4	21针	无加减针
3	21针	每行+7针
2	14针	
1	7针	

啃过的苹果（核）

奶油色

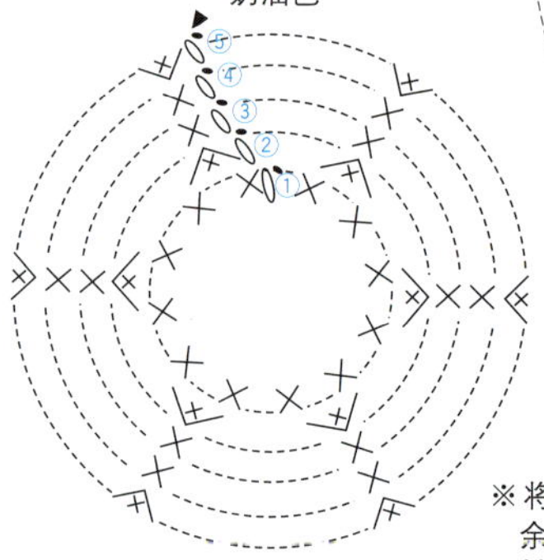

※将果实内侧第2行剩余的内侧半针（横线）挑起后钩织第1行。

啃过的苹果（果实内侧）

作品70、72 共通 奶油色 2块

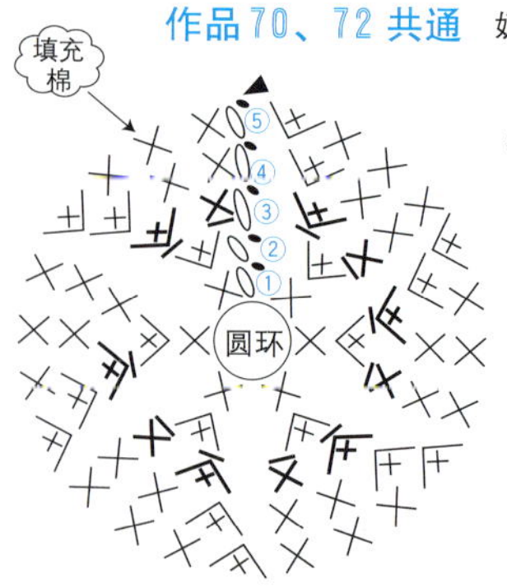

果实内侧的针数表

行数	针数	
5	30针	每行+6针
4	24针	
3	18针	
2	12针	
1	6针	

X̲=短针的条针

啃过的苹果（果实外侧）

作品70、72 共通

作品70=黄绿色 2块

作品72=红色 2块

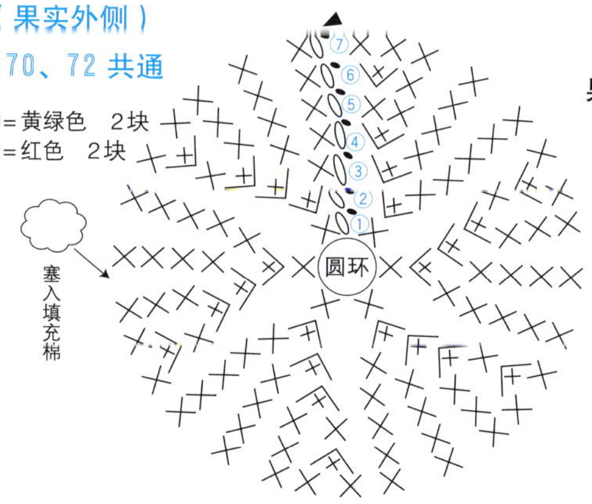

果实外侧的针数表

行数	针数	
7	30针	无加减针
6	30针	+6针 无加减针
5	24针	
4	24针	每行+6针
3	18针	
2	12针	
1	6针	

拼接方法

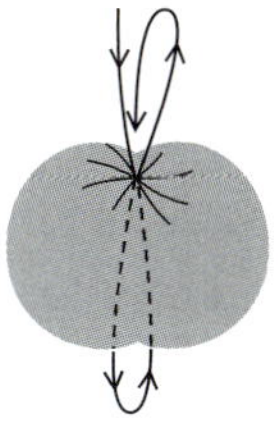

拼接方法

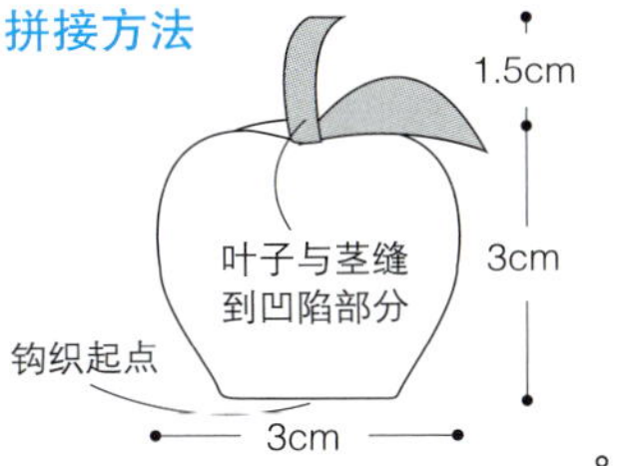

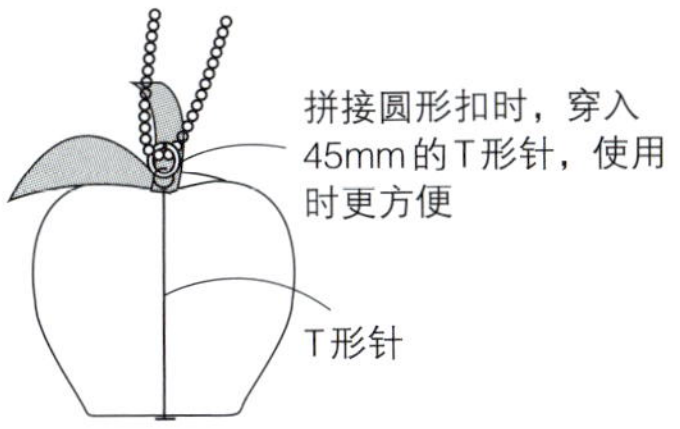

拼接方法

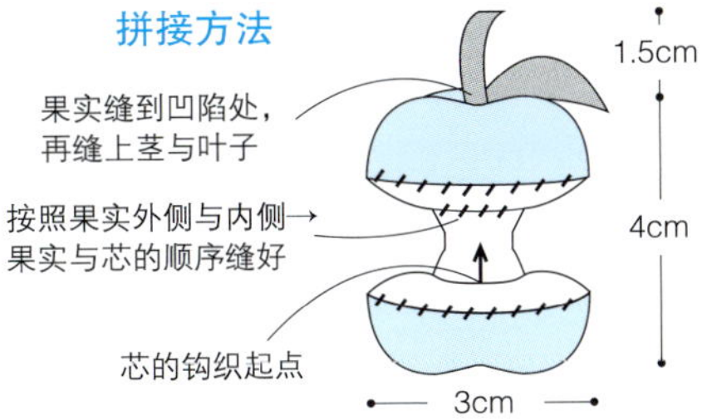

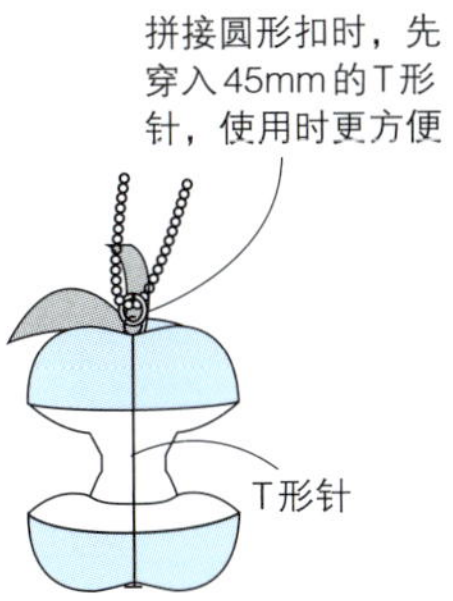

73~78 ✿ 图片 P41

准备材料

{编织线} Daruma手工编织线 小卷Café Demi：
作品73 胭脂色金银线…4g，深绿色…3g，本白色、黄色…各1g
作品74 肉桂色金银线…2g，橄榄绿…1g
作品75 胭脂色金银线…2g，深绿色…1g
作品76 本白色金银线…2g，绿色…1g
作品77 肉桂色金银线…2g，深绿色…1g
作品78 本白色金银线…2g，深绿色…1g
{其他材料}
作品73 TOHO：球链（复古金）…1个，圆形扣8mm（复古金）…1个
作品73~78共通 填充棉…适量
{针} 作品73~78共通 钩针2/0号
{成品尺寸} 参照图

钩织方法顺序

作品73
1 花朵先织入圆环起针，再按图示方法钩织。
2 然后用同样的方法如图所示钩织叶子。
3 钩织2个果实。
4 茎部用锁针起针，缝到蒂上。
5 拼接叶子、花、果实，再加上圆形扣，穿入球链。

作品64~78共通
1 果实部分用圆环起针，再用短针按照图示方法钩织。
2 蒂也用同样的方法如图所示钩织。

作品73 花

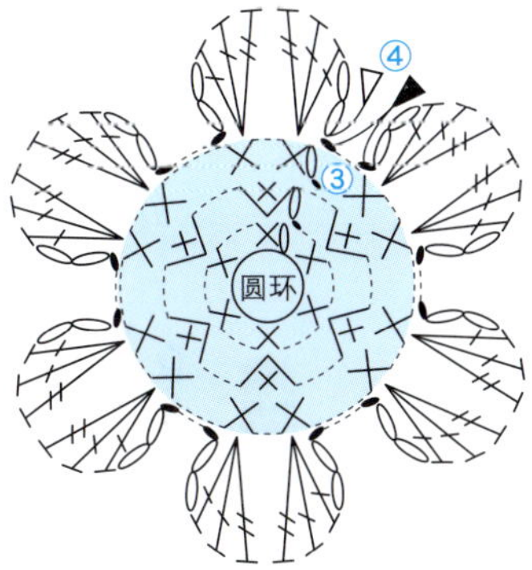

茎 2根 深绿色

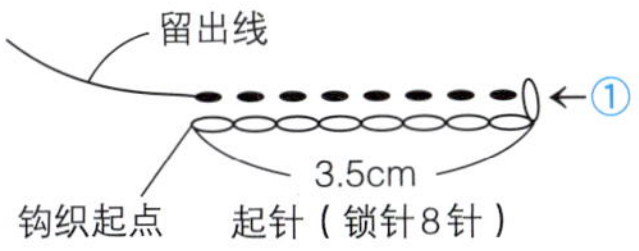

果实与蒂的配色表

作品序号	果实	蒂
73、75	胭脂色金银线	深绿色
74	肉桂色金银线	橄榄绿
76	本白色金银线	绿色
77	肉桂色金银线	深绿色
78	本白色金银线	深绿色

蒂 7块

叶子 3块
深绿色

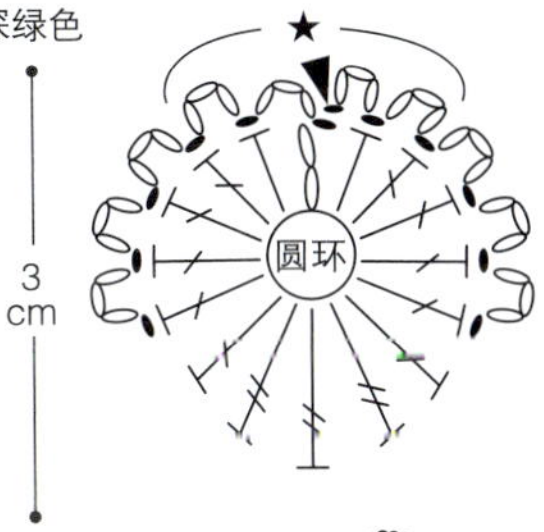

草莓 作品73~78共通
果实 （配色参照右表）

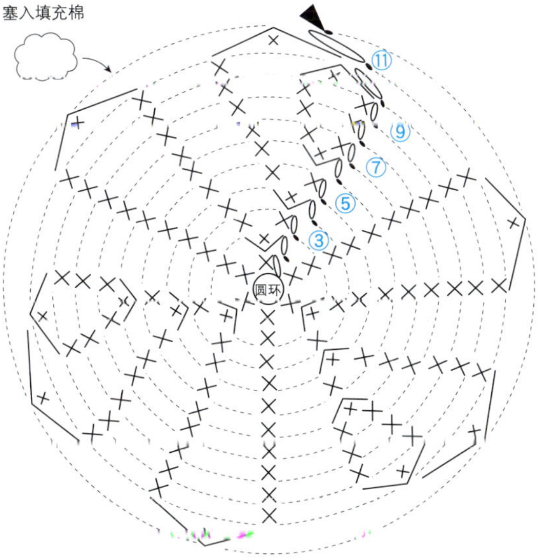

果实的针数表

行数	针数	加减针数
11	6	－6
10	12	－3
7～9	15	
6	15	＋3
5	12	
4	12	＋3
3	9	
2	9	＋3
1	6	

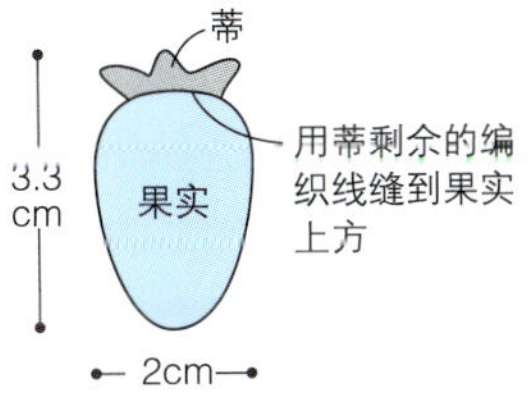

拼接方法

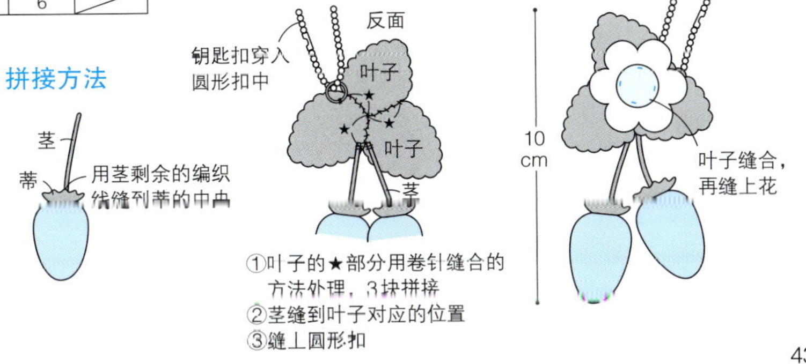

PART 3 鸟、动物

五彩斑斓的小鸟、巧舌的鹦鹉、胖乎乎的猫头鹰、可爱的小熊与兔子，还有长颈鹿、小猪、海豹、小狗、小猫……大家喜爱的小鸟与其他小动物都在这里啦！
多钩织一些，随时可以用来做室内装饰和钥匙扣！

五彩斑斓的小鸟

制作方法 ……P46

五颜六色的可爱小鸟，粉色、蓝色、黄色……
五彩斑斓，栩栩如生。

放在礼品盒上做点缀，制作一份用心准备的礼物。

用花环制作的装饰品，简单甜美的壁挂。

准备材料

{编织线} DMC 25号刺绣线：
作品79 绿色…2束，粉色…1束，黄色…0.5束
作品80 黄色…2束，橙色…1束，绿色…0.5束
作品81 淡蓝色…2束，天蓝色…1束，黄色…0.5束
作品82 米褐色…2束，浅蓝色…1束，橙色、绿色、粉色…0.5束
作品83 粉色…2束，紫色…1束，绿色、黄色…各0.5束，黑色…少许

{其他材料} 作品79~83共通
作品79~82共通 珍珠串珠（黑色、3mm）…各2颗
作品79~83共通 填充棉…适量
{针} 作品79~83共通 蕾丝针0号
{成品尺寸} 参照图

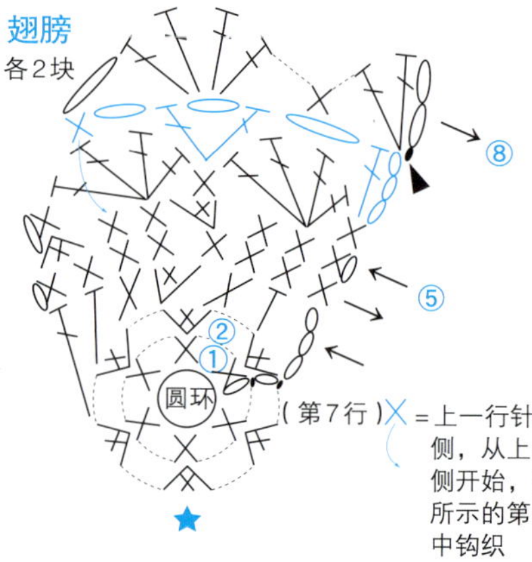

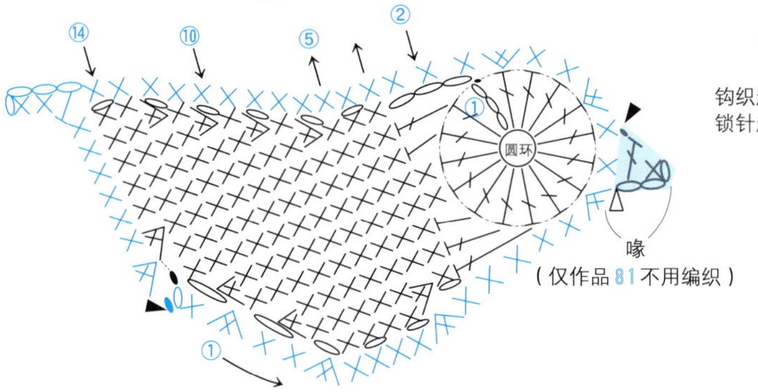

作品79~83配色表

	79	80	81	82	83
主体	绿色	黄色	淡蓝色	米褐色	粉色
喙	黄色	绿色	黄色	橙色	黄色
翅膀	粉色	橙色	天蓝色	淡蓝色	紫色

①主体从圆环起针开始钩织，然后参照图织入14行。接着在周围钩织1圈，如此钩织2块。
②步骤①的两块织片重叠，将头针的2根线挑起后卷缝。中途塞入填充棉再缝合。
③在喙的部分接线，从前后的针脚处逐一挑线，再钩织（除作品81以外）。

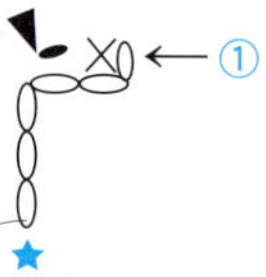

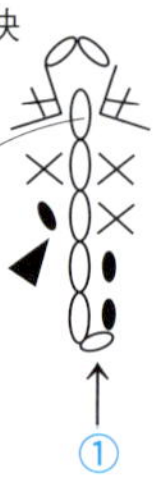

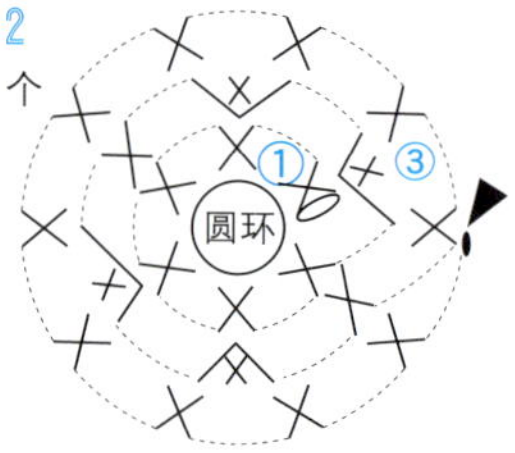

※ 钩织第2、3行时无需钩织立起的锁针，一圈一圈钩织即可。
※ 塞入填充棉后，线头穿入最终行的针脚中，收紧。

拼接方法

※ 眼睛缝到圆环起针的中心（除作品81以外）。

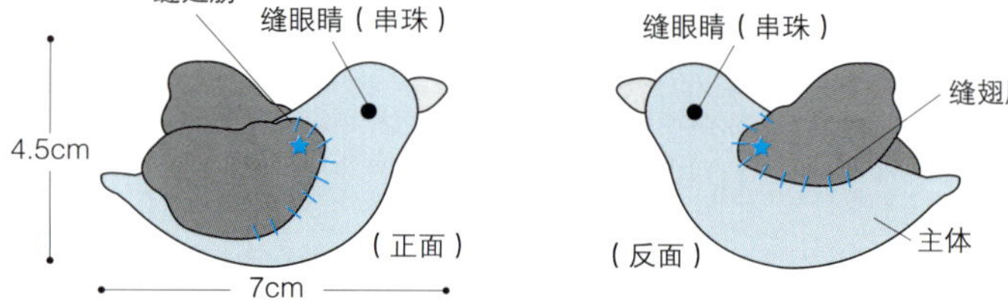

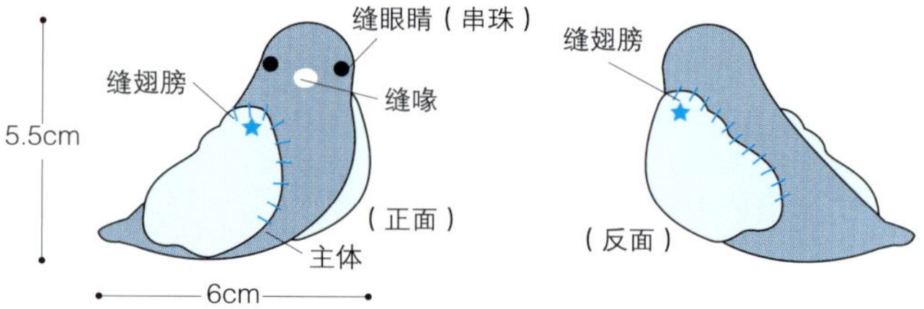

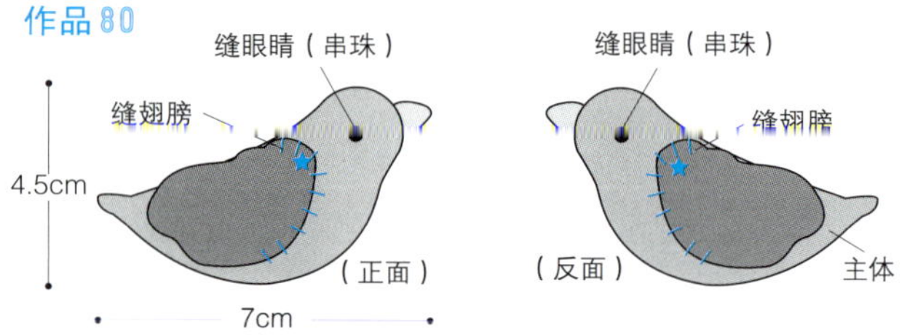

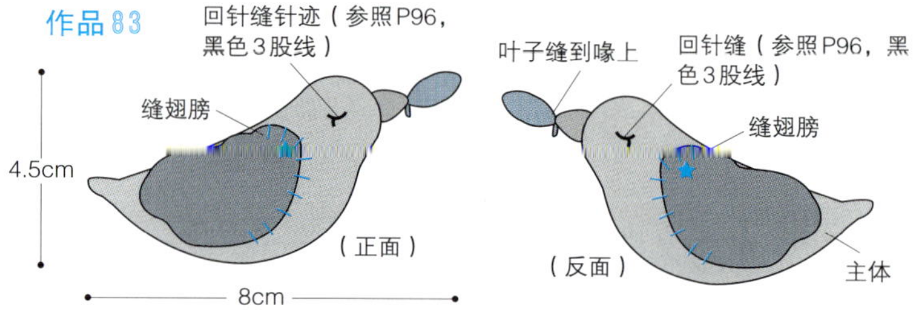

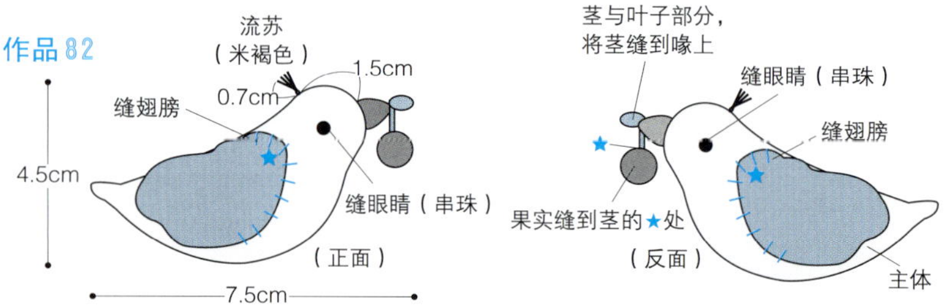

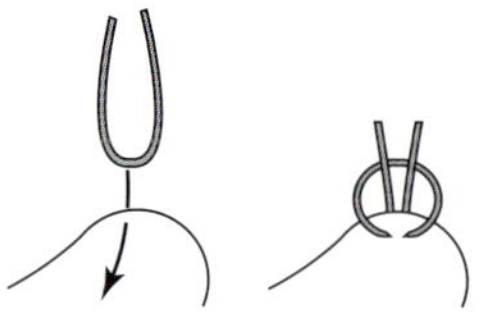

流苏
※ 编织线剪成4cm，对折。圆环穿入针脚中，再将线头穿入圆环中，收紧。

准备材料

{编织线}奥林巴斯25号刺绣线：
作品41 橙色、茶色（深茶色、浅茶色）…各1束，绿色（粉绿色、翠绿色）、橙色、茶褐色、本白色…各0.5束
作品42 橙色、粉色（浅粉色、深粉色）…各1束，红色、绿色、本白色…各0.5束
作品43 橙色、粉色（粉紫色、樱粉色）、紫色…各1束，本白色、绿色…各0.5束
{其他材料}作品41~43共通
填充棉…钩针2/0号
{成品尺寸}参照图

作品41~43共通
主体、蛋挞馅 各1个

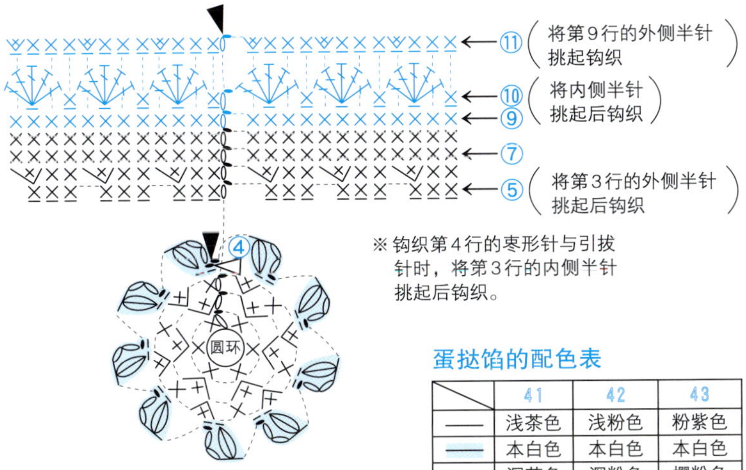

※ 钩织第4行的枣形针与引拔针时，将第3行的内侧半针挑起后钩织。

蛋挞馅的配色表

	41	42	43
——	浅茶色	浅粉色	粉紫色
——	本白色	本白色	本白色
——	深茶色	深粉色	樱粉色

作品41~43共通 蛋挞底 各1个

橙色

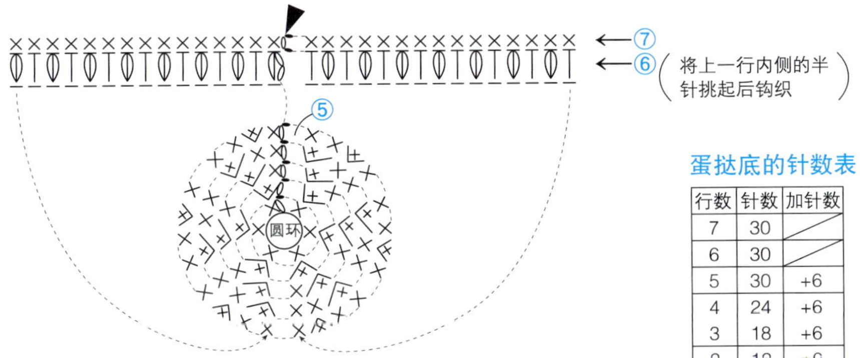

※ 反面用作正面。

蛋挞底的针数表

行数	针数	加针数
7	30	
6	30	
5	30	+6
4	24	+6
3	18	+6
2	12	+6
1	6	

作品41 奇异果

——＝粉绿色
——＝茶褐色
——＝翠绿色

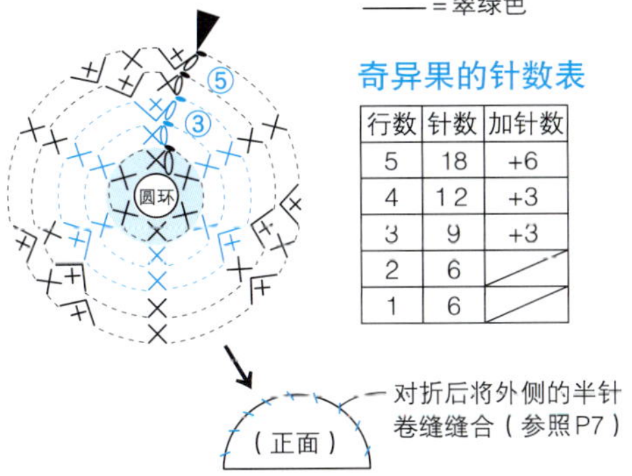

奇异果的针数表

行数	针数	加针数
5	18	+6
4	12	+3
3	9	+3
2	6	
1	6	

作品41 橙子 橙色

※ 钩织方法与作品37（P27）相同。

作品43 木莓 紫色

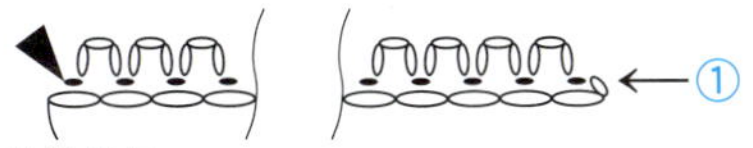

钩织起点
锁针起针（36针）
※ 在3~4个位置打结（参照P84）。

作品43 薄荷叶 翠绿色

钩织方法与作品37、39（P27）相同

作品42 草莓

钩织方法与作品35（P26）相同
第4行……绿色
第1~3行……红色

作品41~43共通
主体的拼接方法

主体、蛋挞馅与蛋挞底塞入填充棉后，用整针卷缝的方法处理

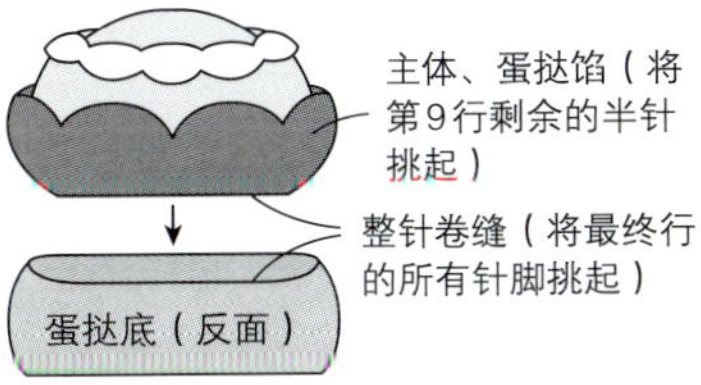

※ 将作品41的奇异果和橙子、作品42的草莓、作品43的木莓和薄荷叶缝到蛋挞底上做装饰。

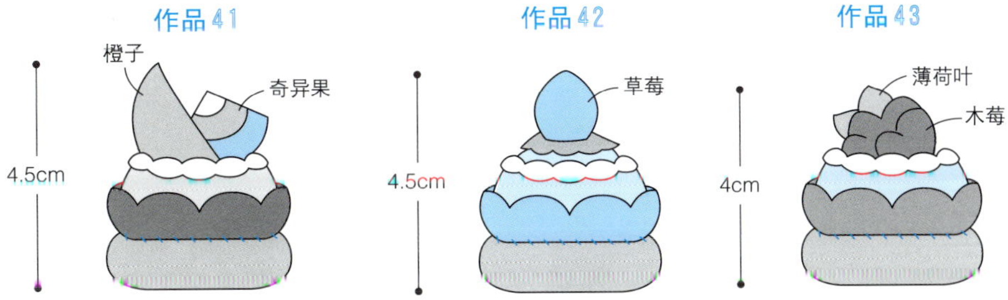

✿ 五彩斑斓的鹦鹉、小鸡

制作方法 84~89……P50、51　90~92……P51

重点课程 84~89……P6

虎皮鹦鹉、粉红凤头鹦鹉、鸡尾鹦鹉等特征不同又五彩斑斓的鹦鹉，
它们都在说些什么呢？

90　91　92

鸡妈妈带着雏鸡和未孵化的鸡蛋排成一队，
慢慢前行！

天气那么好，大家到附近散步吧。
多钩织几只颜色不同的鹦鹉，乐趣无穷。

{编织线}奥林巴斯25号刺绣线：
作品84 浅绿色…1束，橙色…黄色（浅黄色、深黄色），深绿色、灰色…各0.5束，红色…少许
作品85 蓝色…2.5束，白色…0.5束，黑色、粉色…0.5束，蓝色、黄色…各少许
作品86 灰色…1.5束，粉色（浅粉色、樱粉色）…各0.5束，黄色…少许
作品87 白色…2束，灰色…0.5束，黄色…少许
作品88 嫩绿色…1.5束，深绿色…0.5束，橙色、黄色、红色、米褐色、茶色…各少许
作品89 灰色…1.5束，黄色…1束，白色、红色、本白色…各少许

{其他材料}作品84~89共通
填充棉…适量，固眼（3mm）…各2颗，粘合剂…适量
{针}作品84~89共通 钩织2/0号
{成品尺寸}参照图

作品84~89 共通 主体

※配色以作品88为例进行解说。

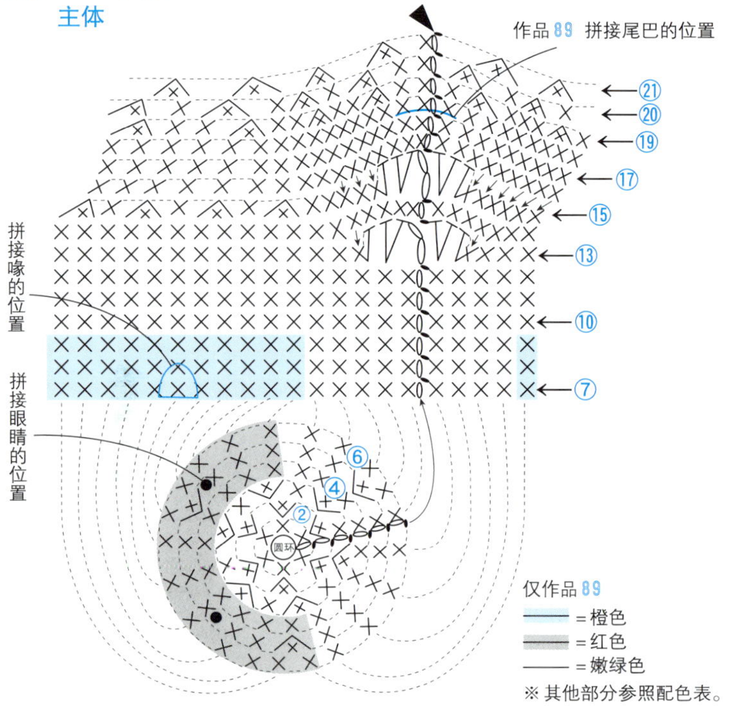

※塞入填充棉，将最终行的内侧半针挑起，穿入编织线后收紧。

作品84~89 身体的针数与配色表

行数	针数	加减针数	84	85	86	87	88	89
21	7	－6						
20	13	－6						
19	19	－6						
18	25		浅绿色					
17	25				灰色			
16	25			蓝色				
15	25	+4・−4					嫩绿色	灰色
14	25							
13	25	＋4	深黄色		☆			
12	21		☆		樱粉色 4行	白色		
11	21		浅黄色					
10	21		★	★				
9	21						橙色 3行	
8	21				★			
7	21							
6	21				浅粉色 7行		红色 中央10针 3行	
5	21	＋3	橙色	白色				黄色
4	18							
3	18	＋6					嫩绿色 3行	
2	12	＋6						
1	6							

※作品84、85、86带有★的印记处，在替换配色线后钩织第1行的短针时，每隔1针“在上两行的针脚中插入钩针，织入短针”。☆印记则是重复“钩织短针，将钩针插入上两行的针脚中，再织入短针”（参照P6）。

★印记位置配色线的钩织方法

以作品86的第8行为例进行解说（参照P6）

✕ =钩针插入上两行的针脚中，织入短针

*作品84~89 各部分的钩织方法

※将锁针的里山挑起，钩织鸡冠、喙、脚的引拔针。

作品84~89 翅膀

作品84…浅绿色
作品85…蓝色（拆分线5股）+黑色（拆分线1股），合计为混合色的6股线
作品86…灰色

作品84~89 脚

作品84…红色　作品87…灰色
作品85…黄色　作品88…米褐色
作品86…灰色　作品89…本白色
各2股

作品87 喙 黄色

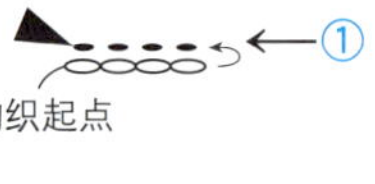

作品88、89 翅膀

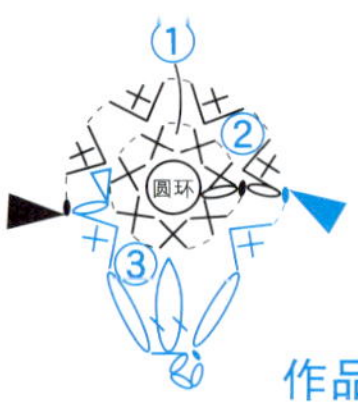

作品88、89 翅膀的配色表

	88	89
——	深绿色	灰色
——（蓝线）	茶色	白色

作品89 脸颊 红色

作品87 翅膀 白色

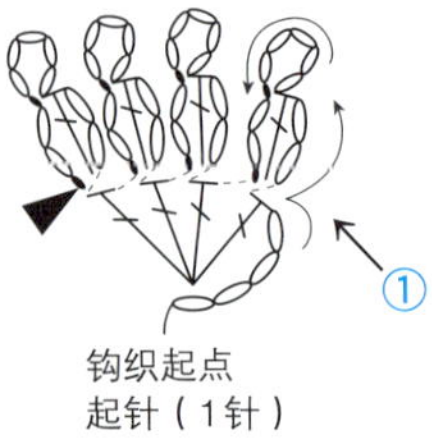

作品84~89 作品88、89 喙

作品84…红色
作品85…黄色
作品87…灰色
作品88…黄色
作品89…本白色

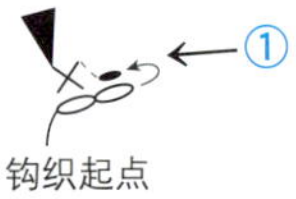

作品86 喙 灰色

作品89 尾巴 灰色

作品89 鸡冠

黄色

拼接方法参照P51

准备材料

{编织线}奥林巴斯25号刺绣线：

作品90 白色…1.5束，黄色、红色…各少许

作品91 黄色…1束，金黄色…0.5束

作品92 白色…0.5束

{其他材料}作品90~92共通

固眼（3mm）…各2颗，填充棉…适量，粘合剂…适量

{针}作品90~92共通 钩针2/0号

{成品尺寸}参照图

作品90、91 躯干

※作品90按照下图所示钩织18行。
作品91第6~8行剪断，共计织入15行。

作品90…白色
作品91…黄色

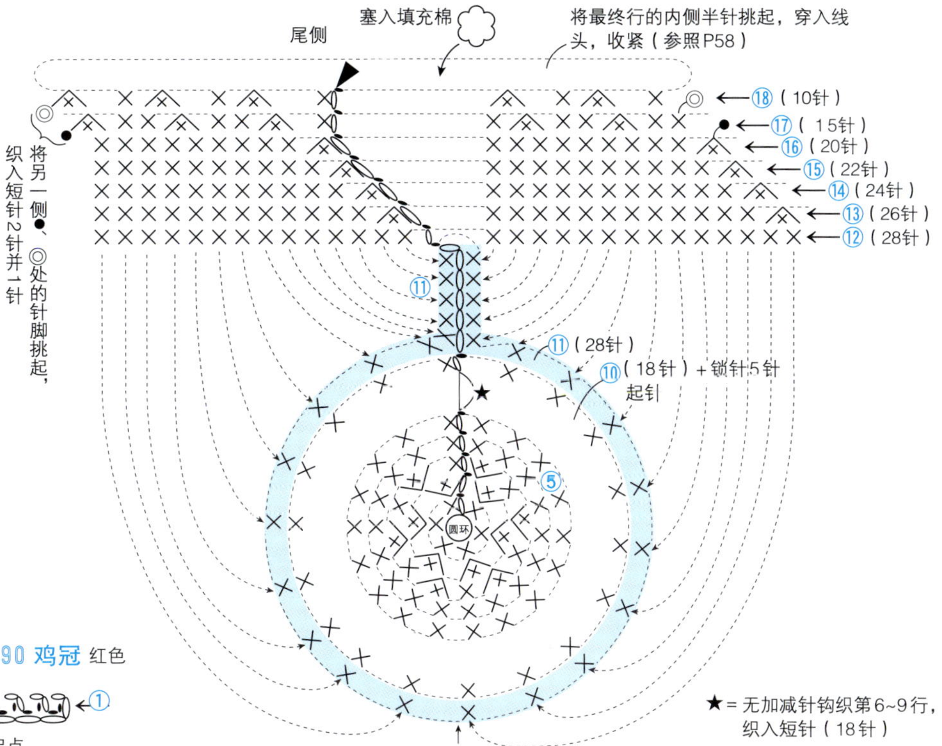

作品90 翅膀

白色 2块

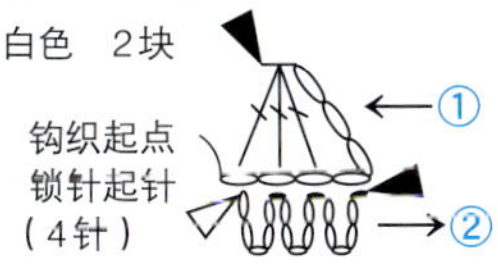

作品91 翅膀

金黄色 2块

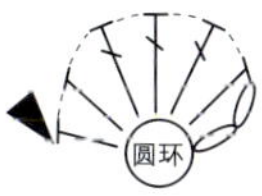

作品90 脚

金黄色 2块

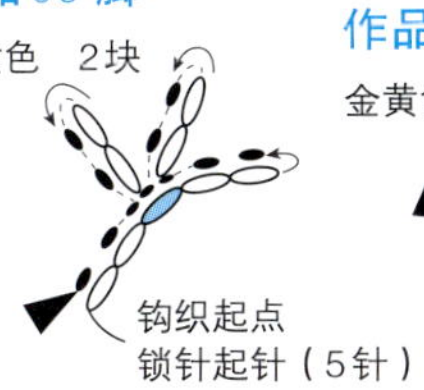

作品91 脚

金黄色 2块

⬭＝在此针中织入3针引拔针

作品90 鸡冠 红色

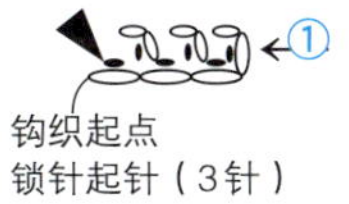

作品92 白色

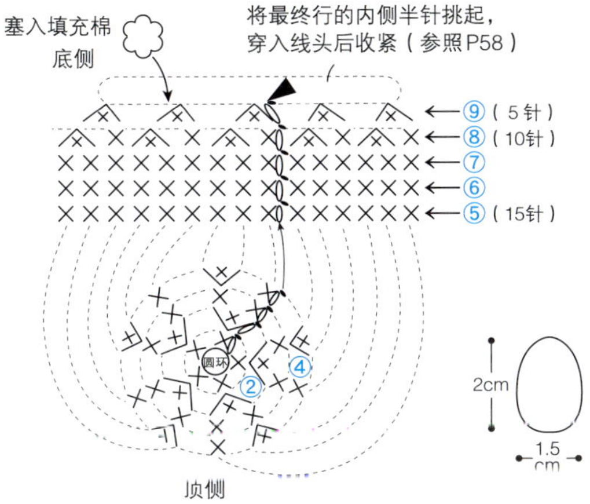

作品90 肉裙 红色

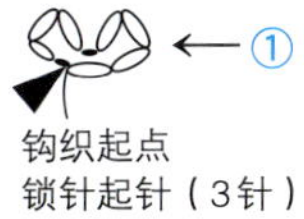

作品90 喙

金黄色

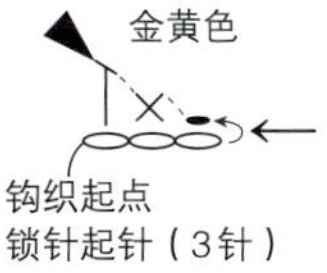

作品91 喙

金黄色

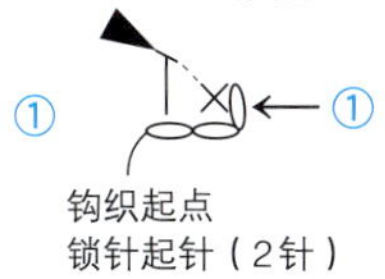

拼接方法

作品90

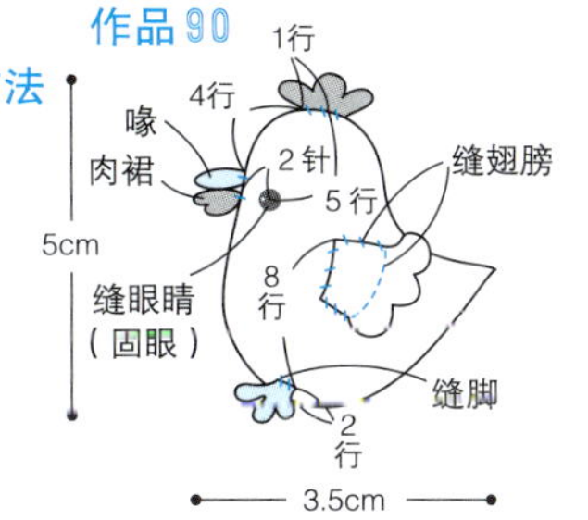

作品91

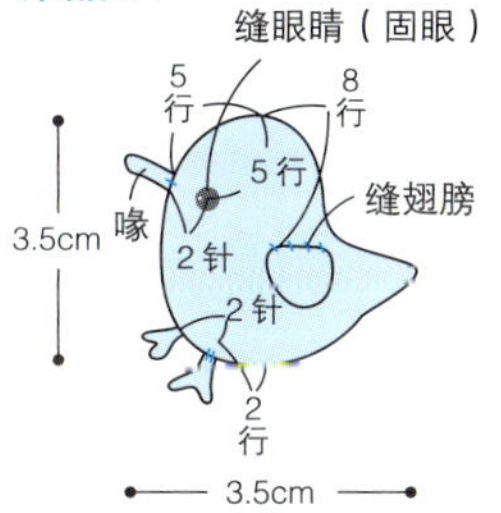

上接P50 拼接方法

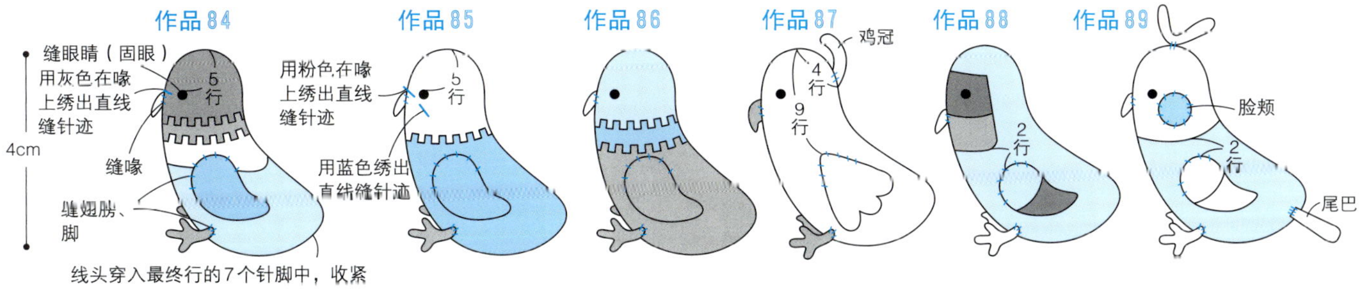

✿猫头鹰、鹦鹉

制作方法 93~95……P54　96~98……P55

眼睛圆溜溜又神采奕奕的猫头鹰，还有伶牙俐齿又活泼的鹦鹉。
它们都拥有胖乎乎的外形，非常可爱！

三只鹦鹉好像在说什么悄悄话……

用一只蓝色的鹦鹉做化妆包的装饰。

准备材料

{编织线}

作品93 DMC 25号刺绣线：茶色…2束，驼色、米褐色、橙色…各0.5束

作品94 Color Variation：粉色段染线…1.5束，DMC 25号刺绣线：本白色…1.5束，沙褐色…0.5束

作品95 DMC 25号刺绣线：嫩绿色…2束，驼色、绿色、本白色…各0.5束

{其他材料}作品93~95共通

作品93 HAMANAKA：玻璃眼6mm（黄色）…1对

作品94、95 HAMANAKA：玻璃眼6mm（金色）…1对

作品93~95共通 填充棉…适量

{针}作品93~95共通 蕾丝针0号

{成品尺寸}参照图

翅膀
各2块

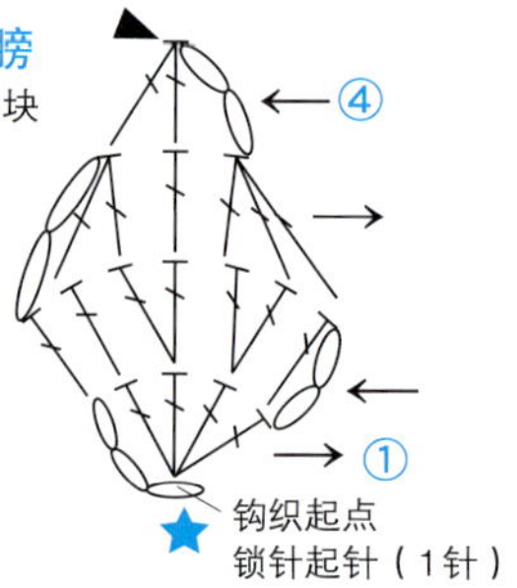

眼睛周围
各2块

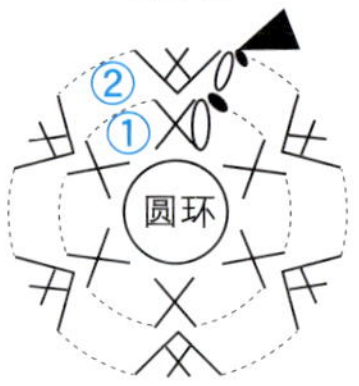

喙
各1个

头
各1个

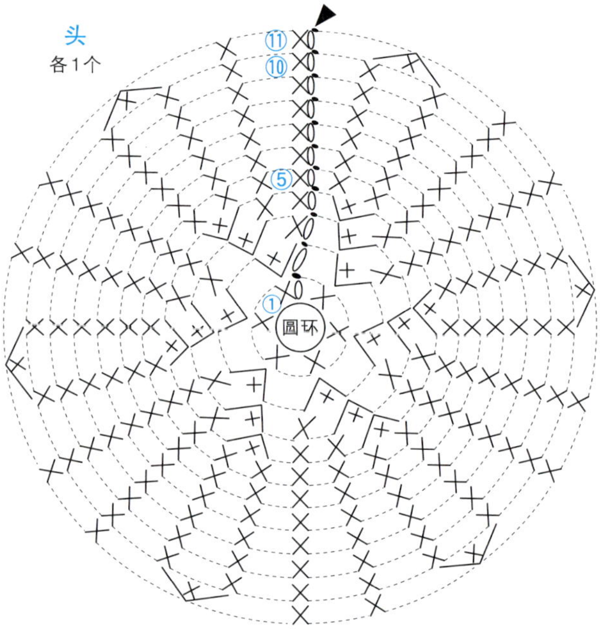

头的针数表

行数	针数	加减针数
11	18	-6
5~10	24	
4	24	+6
3	18	+6
2	12	+6
1	6	

躯干
各1个

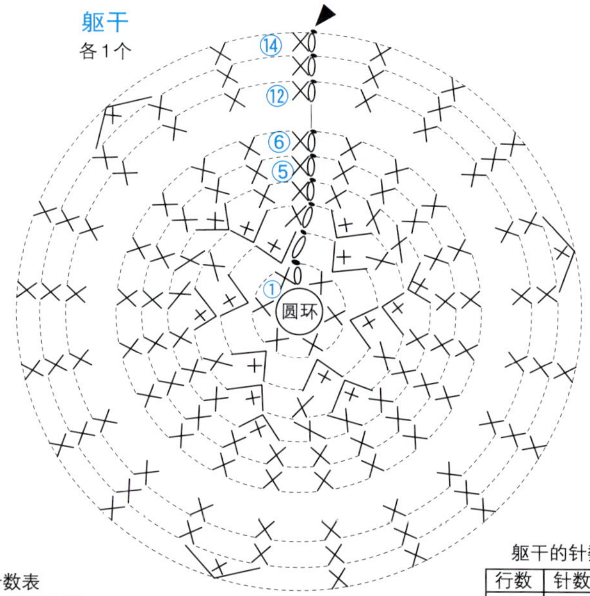

躯干的针数表

行数	针数	加减针数
14	18	-3
5~13	21	
4	21	+3
3	18	+6
2	12	+6
1	6	

作品93~95 配色表

	93	94	95
头	茶色	粉色段染	嫩绿色
躯干	茶色	本白色	嫩绿色
翅膀	驼色	粉色段染	绿色
眼睛周围	米褐色	本白色	本白色
喙 脚（直线缝针迹）	橙色	沙褐色	驼色

拼接方法

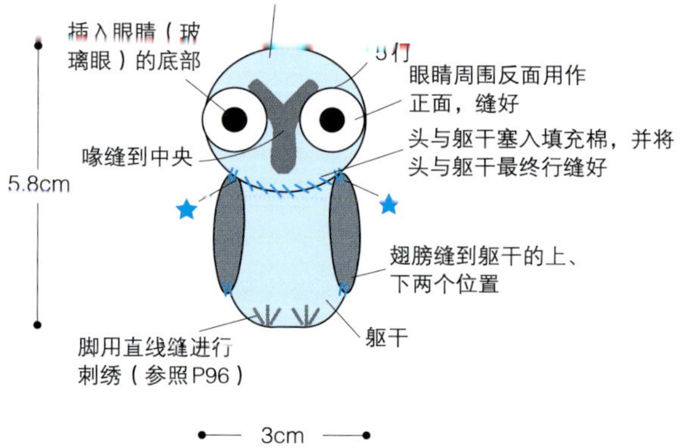

准备材料

{编织线} DMC 25号刺绣线：
作品96 浅绿色…1.5束，珊瑚色系（橙红色、橙黄色）、翠绿色、粉色…各0.5束
作品97 蓝色系（湖蓝色、天蓝色）…各1束，黄色、本白色…各0.5束
作品98 浅绿色…1.5束，绿色系（深绿色、黄绿色）、橙色、黄色…各0.5束
{其他材料} 作品96~98共通
木质串珠（茶色、4mm）…各2组，填充棉…适量
{针} 作品96~98共通 蕾丝针0号
{成品尺寸} 参照图

尾巴
各1块

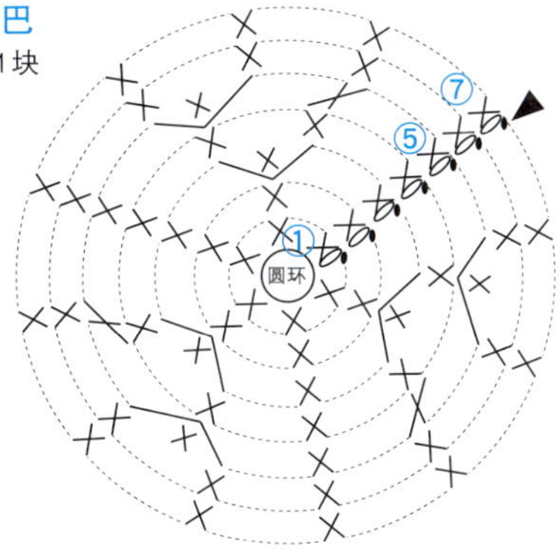

尾巴的针数表

行数	针数	加减针数
6、7	12	
5	12	+3
4	9	
3	9	+3
2	6	
1	6	

主体
各1个

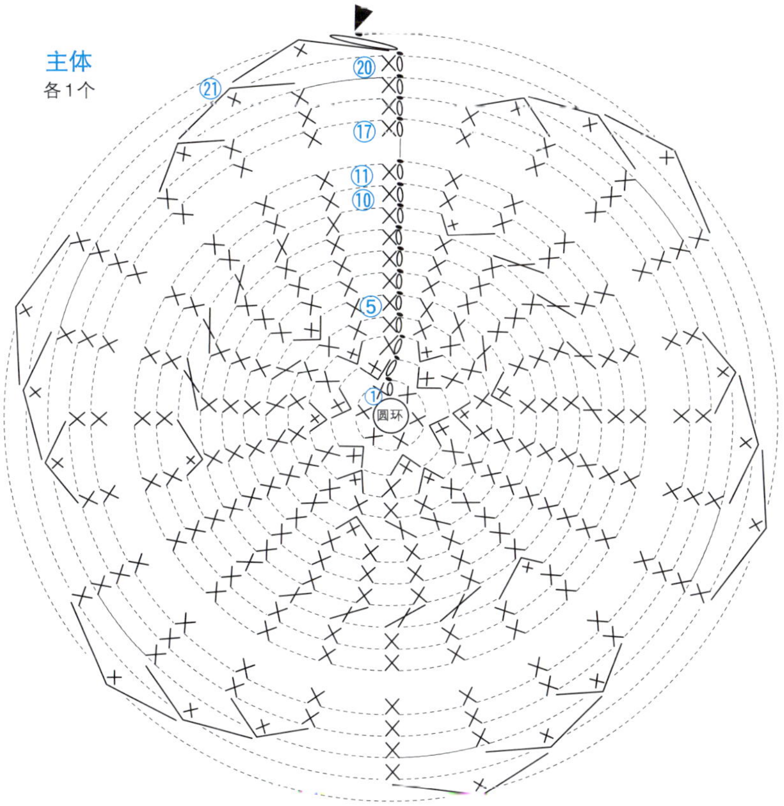

喙
各1个

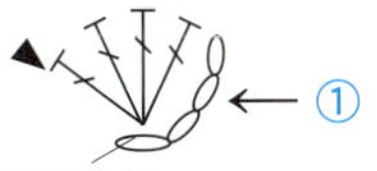

翅膀
各2块

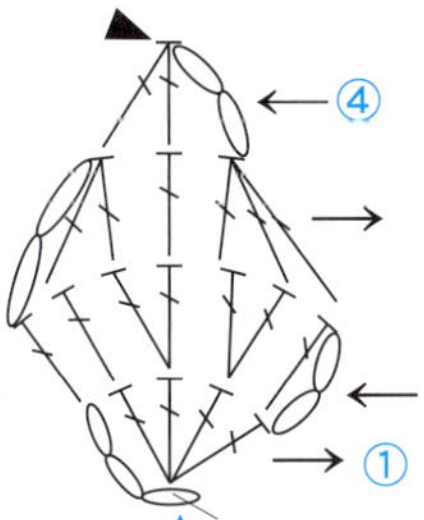

主体的针数表＆配色表

行数	针数	加减针数	配色
21	6	−6	C色
20	12	−6	
19	18	−6	
12~18	24		
10、11	24		B色
9	24	+3	
6~8	21		A色
5	21	+3	
4	18		
3	18	+6	
2	12	+6	
1	6		

作品96~98配色表

	96	97	98
主体（A色）1~8行	橙红色	本白色	黄色
主体（B色）9~11行	橙黄色	天蓝色	黄绿色
主体（C色）12~21行	浅绿色	湖蓝色	浅绿色
尾巴	浅绿色	天蓝色	浅绿色
翅膀	翠绿色	天蓝色	深绿色
喙 脚（直线缝针迹）	粉色	黄色	橙色

拼接方法

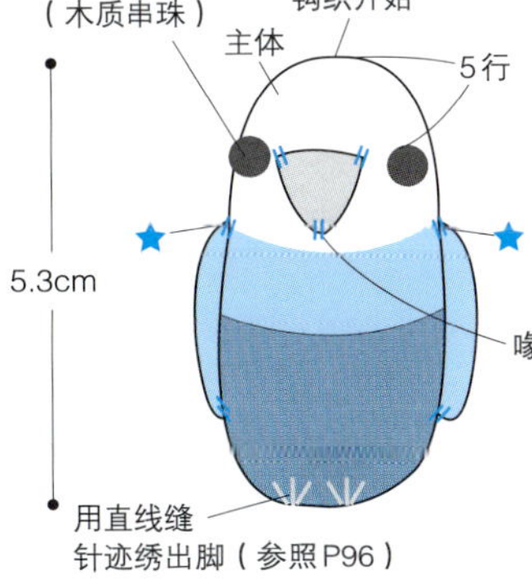

※主体塞入填充棉，线头穿入最终行的针脚中收紧。

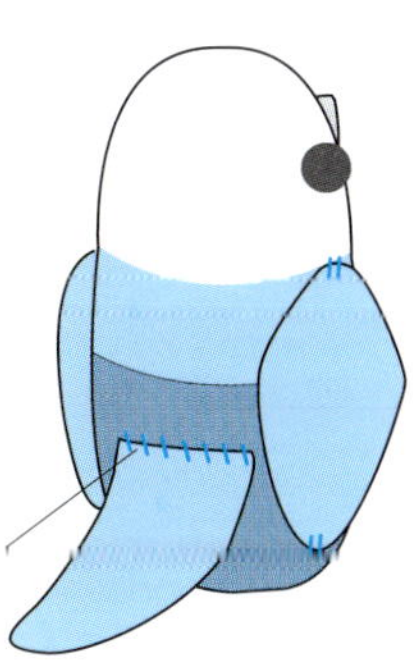

✿兔子、小熊

制作方法 99~101……P58　102~104……P59
重点课程 99~101……P6

四肢可以自由活动的可爱兔子与小熊。
再用兔子最爱的胡萝卜和小熊的围巾做装饰，增添几分时尚。

爱意满满的手工礼物，
蕴含深深的暖意。
别忘了兔子还有胡萝卜哦！

99~104 ✿ 图片 P56、57 重点课程41 P6

准备材料

{编织线} 奥林巴斯25号刺绣线：
作品99 灰色…5束，米褐色、橙色…各0.5束，绿色、茶色…各少许
作品100 浅粉色…5束，深粉色、橙色…各0.5束，绿色、茶色…各少许
作品101 本白色…5束，浅橙色…0.5束，绿色、茶色、橙色…各少许

{其他材料}
作品99 串珠（黑色、4mm）…2对，纽扣（米褐色、直径5mm）…4颗
作品100 串珠（金色、4mm）…2对，纽扣（浅粉色、直径5mm）…4颗
作品101 串珠（银色、4mm）…2对，纽扣（白色、直径5mm）…4颗
作品99~101共通 填充棉…适量
{针} 作品99~101共通 钩针2/0号
{成品尺寸} 参照图

躯干、上肢、下肢的配色表

	躯干	上肢、耳朵	下肢	尾巴
99	灰色	灰色	灰色（米褐色）	灰色
100	浅粉色	浅粉色	浅粉色（深粉色）	粉色
101	本白色	本白色	本白色（浅橙色）	本白色

※（ ）内为脚底的颜色。

躯干、上肢、下肢

※钩织方法与作品102~104（P59）相同，配色参照上表。

耳朵 各2块

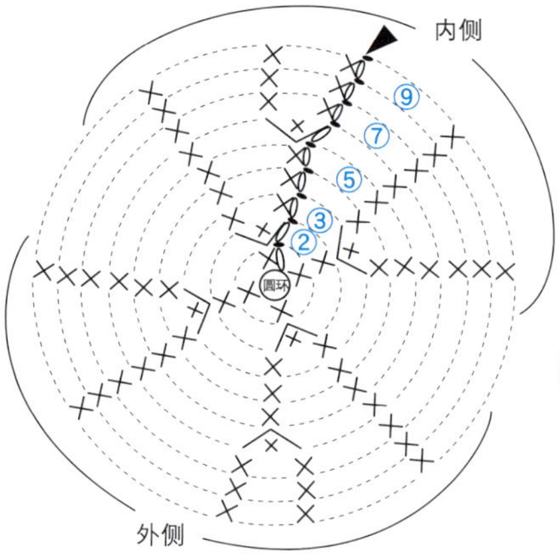

尾巴

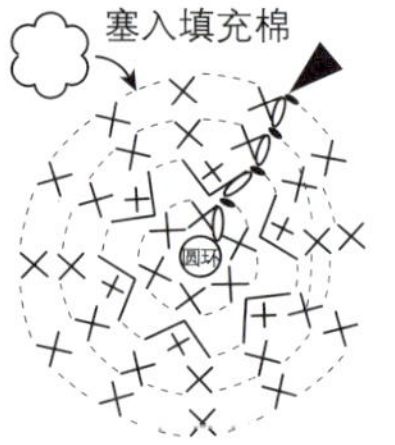

头

作品99…灰色
作品100…浅粉色
作品101…本白色

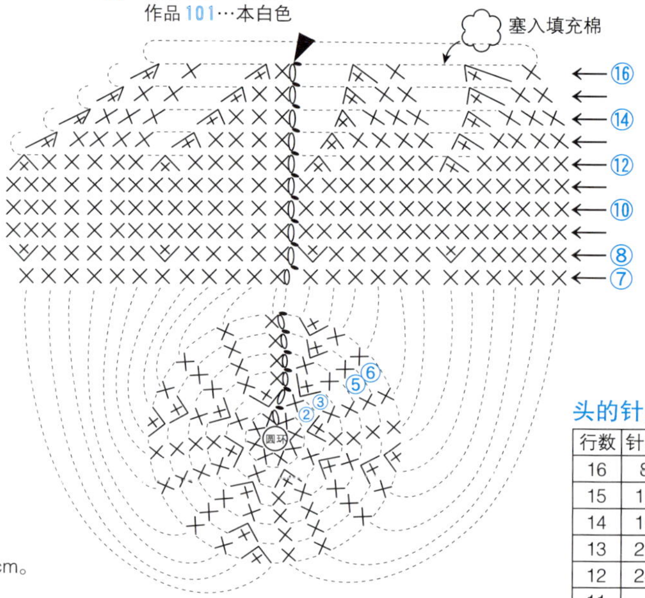

头的针数表

行数	针数	加减针数
16	8	－4
15	12	－4
14	16	－4
13	20	－4
12	24	－4
11~9	28	
8	28	+4
7	24	
6	24	+4
5	20	+4
4	16	
3	16	+4
2	12	+4
1	8	

胡萝卜

主体
作品99…橙色
作品100…橙色
作品101…深橙色

叶子
作品99…绿色
作品100…绿色
作品101…绿色

叶子 准备10根线，剪成15cm。

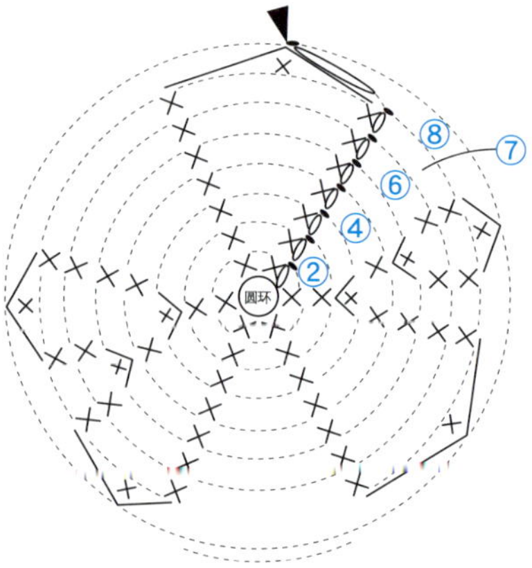

钩织至第7行，拼接叶子，塞入填充棉（参照P6）
接着再钩织第8行

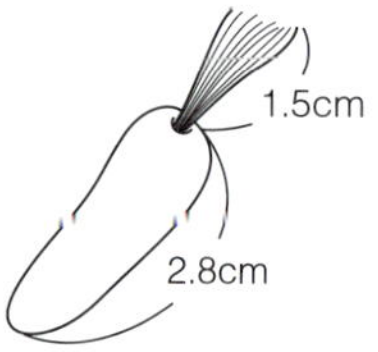

拼接方法

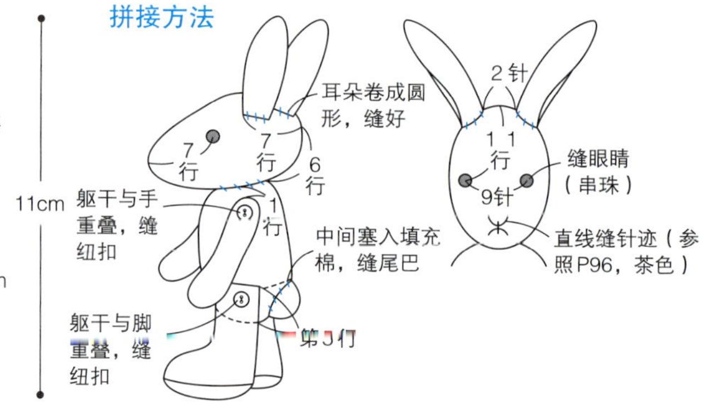

✿ 最终行的收紧方法

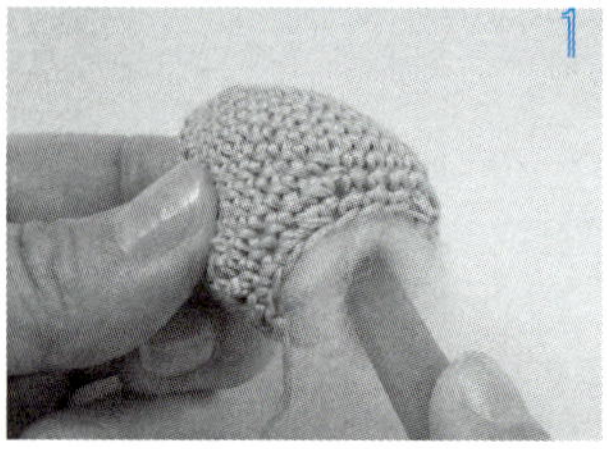

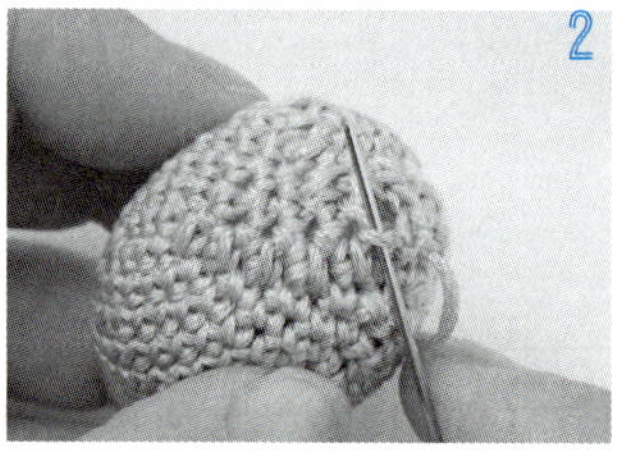

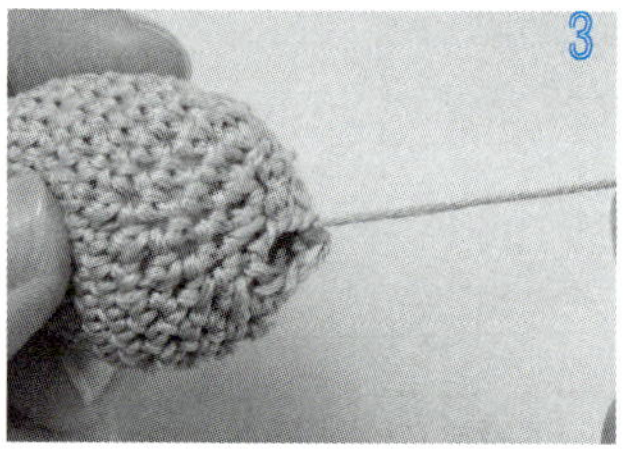

1 钩织至第14行后，中间塞入填充棉。接着再钩织至第16行。
2 钩织至第16行后，留长线后剪断，穿入缝纫针中。再将最终行的内侧半针挑起。
3 拉动线，收紧。线头藏到织片中，处理好。

准备材料

{编织线}奥林巴斯 25 号刺绣线：
作品 102 橙色…4.5 束，黄色…0.5 束，绿色…少许
作品 103 米褐色…4.5 束，茶色…0.5 束，红色…少许
作品 104 蓝色…4.5 束，白色…0.5 束，灰色、粉色…各少许

{其他材料}
作品 102 串珠（茶色、4mm）…2 对，纽扣（浅茶色、直径 5mm）…4 颗
作品 103 串珠（茶色、4mm）…2 对，纽扣（米褐色、直径 5mm）…4 颗
作品 104 串珠（黑色、4mm）…2 对，纽扣（浅绿色、直径 5mm）…4 颗
作品 102~104 共通 填充棉…适量
{针}作品 102~104 共通 钩针 2/0 号
{成品尺寸}参照图

作品 102~104 配色表

	102	103	104
头、躯干、上肢、耳朵	橙色	米褐色	蓝色
下肢（——）	橙色	米褐色	蓝色
脚底（——）	黄色	茶色	白色
鼻子	橙色	米褐色	白色
蝴蝶结	绿色	红色	粉色

头

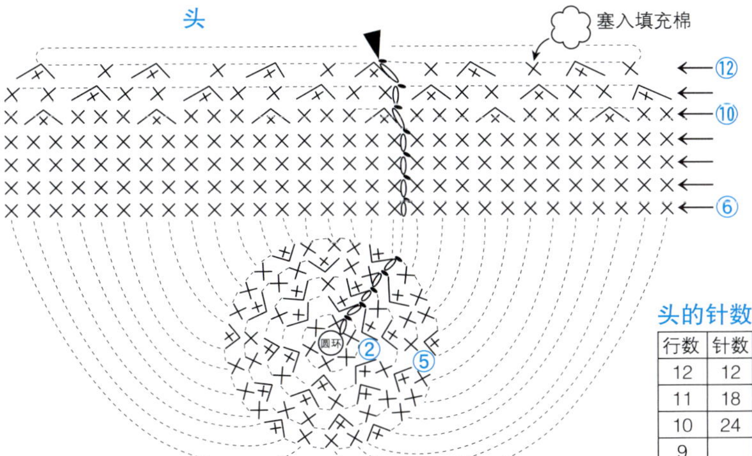

头的针数表

行数	针数	加减针数
12	12	－6
11	18	－6
10	24	－6
9 ~ 6	30	
5	30	+6
4	24	+6
3	18	+6
2	12	+6
1	6	

躯干

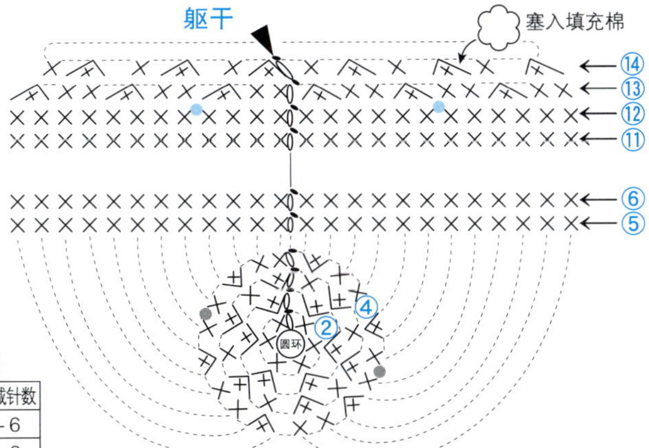

● = 缝纽扣（上肢）的位置
● = 缝纽扣（下肢）的位置

躯干的针数表

行数	针数	加减针数
14	12	－6
13	18	－6
12 ~ 5	24	
4	24	+6
3	18	+6
2	12	+6
1	6	

上肢 各 2 根

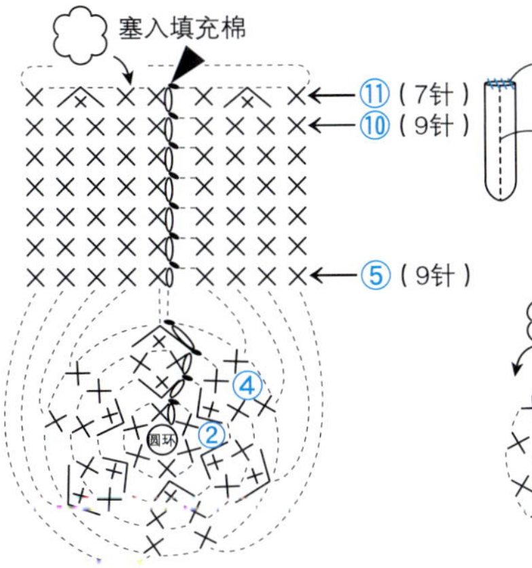

耳朵 各 2 块

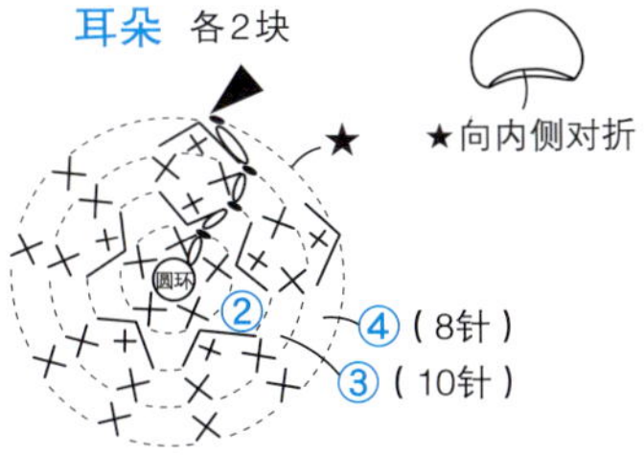

※耳朵与头用相同的颜色钩织。

鼻子

蝴蝶结

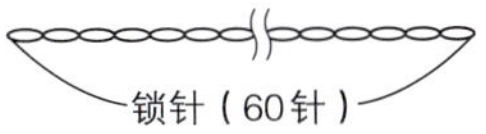

下肢 各 2 根

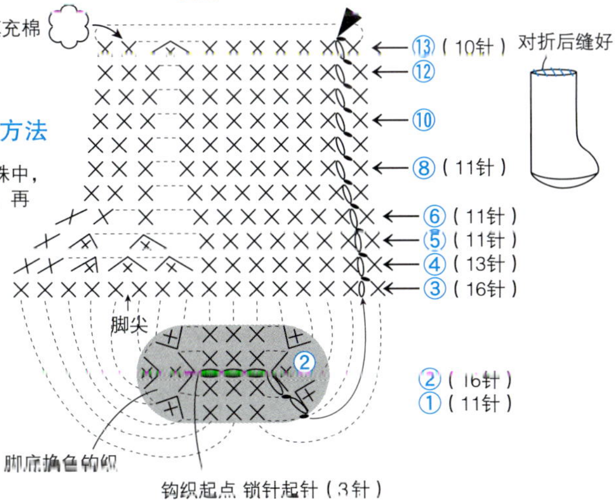

拼接方法

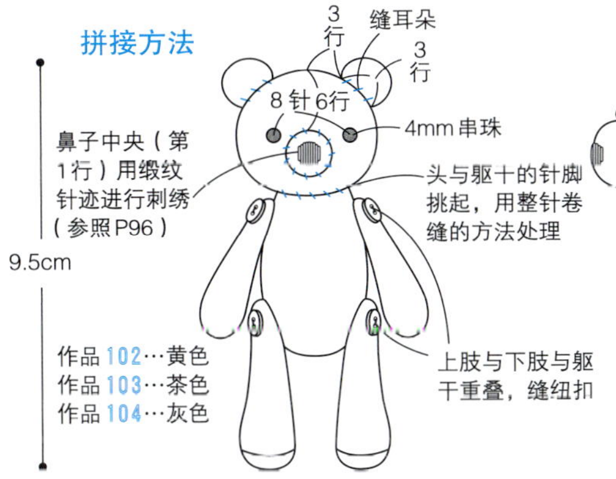

拼接眼睛的方法

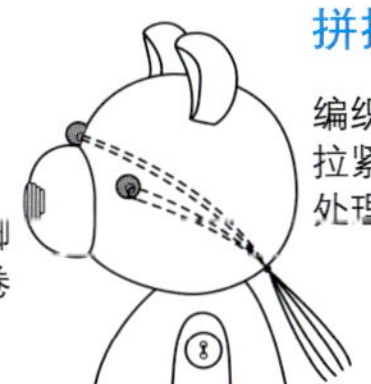

编织线穿入串珠中，拉紧线后打结，再处理好线头

105

✿ 长颈鹿

制作方法 ……P62、85

长长的脖子，大大的脸庞，超级可爱！
鬃毛与尾巴使用绒毛，装饰效果满分。
加上链条，用作手提包的挂饰也不错哦！

✿ 小猪

制作方法 ……P63

猪是富贵和繁荣的象征。
作为全世界都喜爱的幸运挂饰，广受欢迎。
可以用作钥匙扣，也可以挂在钱包上，
也许还能带来财运和幸福吧?

{编织线}

Daruma手工编织线 小卷Café Demi：黄色…11g，本白色、焦茶色…各1g，人工绒毛…少许

{其他材料}

高脚纽扣（眼睛用）直径4mm…2颗，填充棉…适量

{针} 钩针2/0、4/0号

{成品尺寸} 参照图

钩织方法顺序

※用指定的2股配色线（4/0号）钩织脸、躯干、颈部、斑纹，再用1股线钩织（2/0号）其他部分。

1 脸、躯干按照图示方法进行加减针，同时用短针钩织成球状，脸部织入14行，躯干织入12行。塞入填充棉，编织线穿入最终行的针脚中，收紧。

2 钩织4根下肢，耳朵与犄角各钩织2根。再钩织斑纹与尾巴。

3 颈部用短针钩织5行，对折后夹住人工绒毛，缝合。再缝上耳朵、犄角、眼睛。

4 参照拼接方法，缝上脚，再将尾巴与斑纹缝到躯干上，注意整体平衡。

躯干 黄色2股线 4/0号

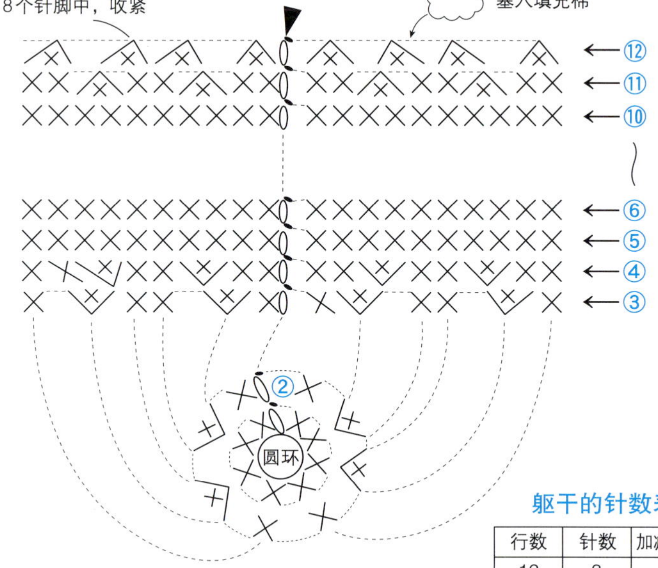

躯干的针数表

行数	针数	加减针数
12	8	－8
11	16	－4
5～10	20	
4	20	＋4
3	16	＋4
2	12	＋4
1	8	

脸 2股线 4/0号

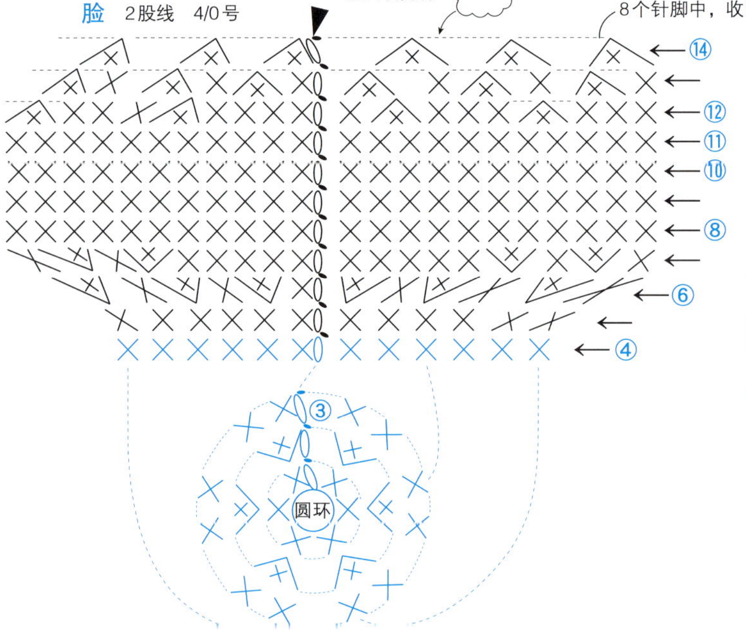

脸的针数表与配色表

行数	针数	加减针数	
14	6	－6	
13	12	－6	
12	18	－4	
8～11	22		黄色
7	22	＋4	
6	18	＋6	
5	12		
4	12		
3	12		
2	12	＋6	本白色
1	6		

脚 4根 4/0号

※用指定的1股配色线钩织。

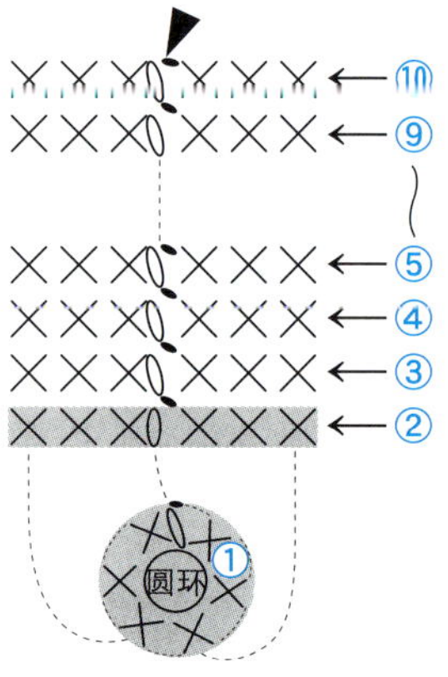

脚的针数与配色表

行数	针数	
3～10	6	黄色
2	6	焦茶色
1	6	

耳朵、犄角 2/0号

※用指定的1股配色线各钩织2块。

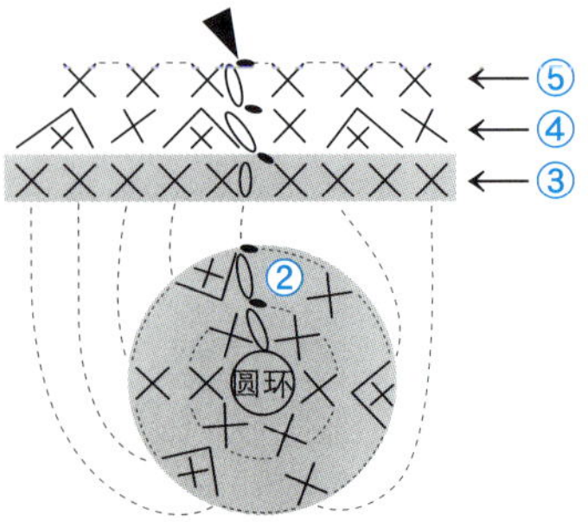

耳朵、犄角的针数表与犄角的配色表

行数	针数	加减针数	
5	6		黄色
4	6	－3	
3	9		
2	9	＋3	焦茶色
1	6		

※耳朵的1~5行用黄色钩织。

下面参照P85

准备材料

{编织线} HAMANAKA Korpokkur：
作品 106 粉色…6g，白色…1g
作品 107 粉色…6g，白色…1g
{其他材料}
作品 106 TOHO：钥匙扣（银色）…1个
作品 107 TOHO：钥匙扣（银色）…1个
作品 106、107 共通
TOHO：圆形扣5mm（银色）…各1个，HAMANAKA：固眼 直径4mm…各2颗，填充棉…适量
{针} 作品 106、107 共通 钩针3/0号
{成品尺寸} 参照图

钩织方法

1 脸、躯干部分在脸的侧面织入圆环起针，然后按照图示方法钩织。钩织第3行时，将上一行短针头针的外侧半针挑起后织入短针的条针。接着按照图示方法，塞满填充棉，再将编织线穿入最终行的6个针脚中，收紧。
2 耳朵、脚先用圆环起针，再按图示方法钩织。耳朵钩织3块，脚钩织4根。
3 尾巴织入14针锁针起针，然后将锁针的里山挑起，钩织引拔针。
4 作品 106（翅膀）织入5针锁针起针，然后将锁针的里山挑起，按照上侧的记号图钩织，再在钩织起点的锁针中引拔钩织，最后将起针剩余的锁针挑起，织入短针。用同样的方法钩织2块。作品 107（花朵）在钩织起点留出10cm左右的线头，用圆环起针，再重复钩织“锁针4针，在圆环中引拔钩织”。
5 参照图示拼接各部分后完成。再次参照图示拼接挂链。

脸、躯干
作品 106、107 共通

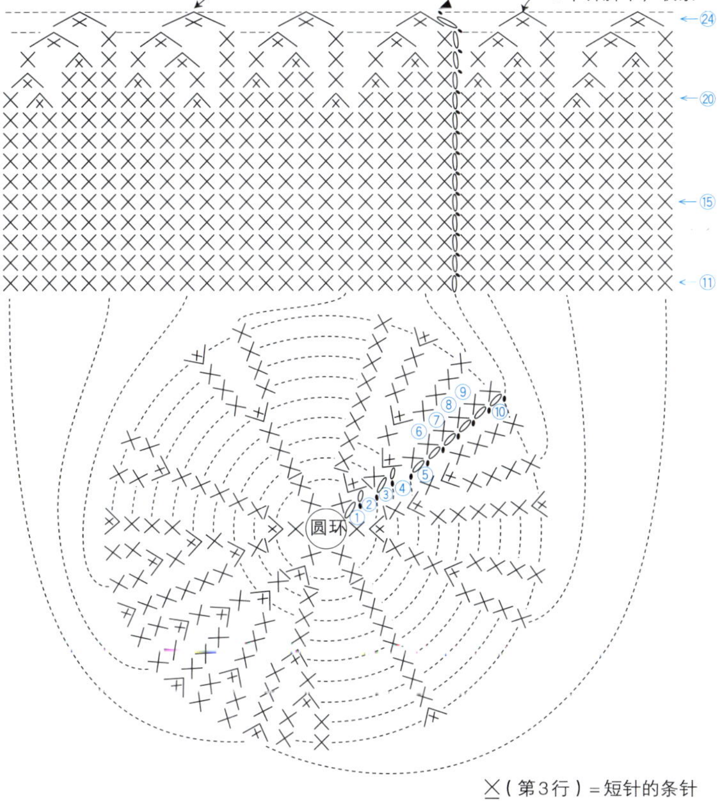

头、躯干的针数表

行数	针数	
24	6针	每行-6针
23	12针	
22	18针	
21	24针	
20	30针	-4针
19	34针	无加减针
18	34针	
17	34针	
16	34针	
15	34针	
14	34针	
13	34针	
12	34针	
11	34针	
10	34针	+8针
9	26针	无加减针
8	26针	+5针
7	21针	无加减针
6	21针	+7针
5	14针	+4针
4	14针	+4针
3	10针	无加减针
2	10针	+4针
1	6针	

耳朵 2块
作品 106、107 共通

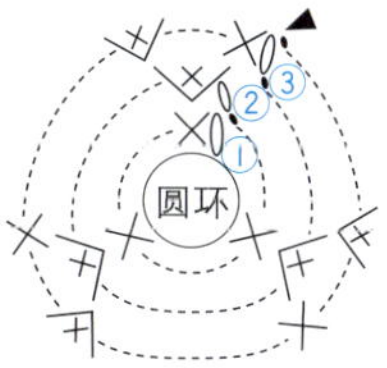

※ 除指定以外均用粉色钩织。

脚 4根
作品 106、107 共通

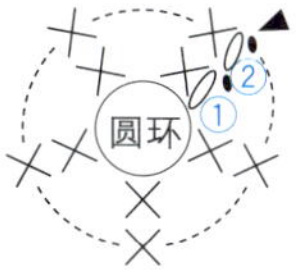

作品 106 翅膀 2块 白色

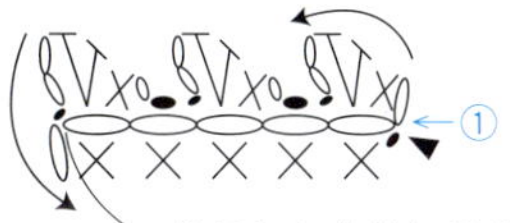

作品 107 花朵 红色

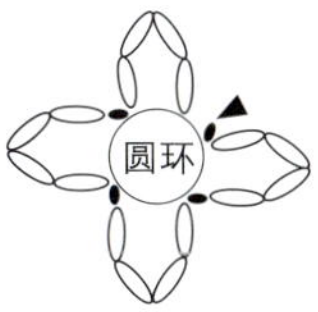

拼接方法

作品 106

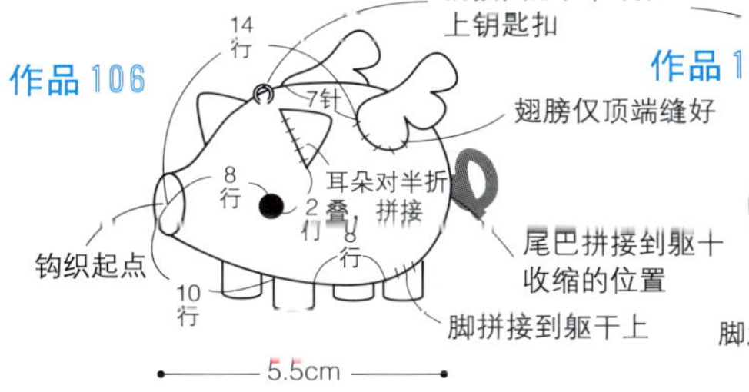

作品 107

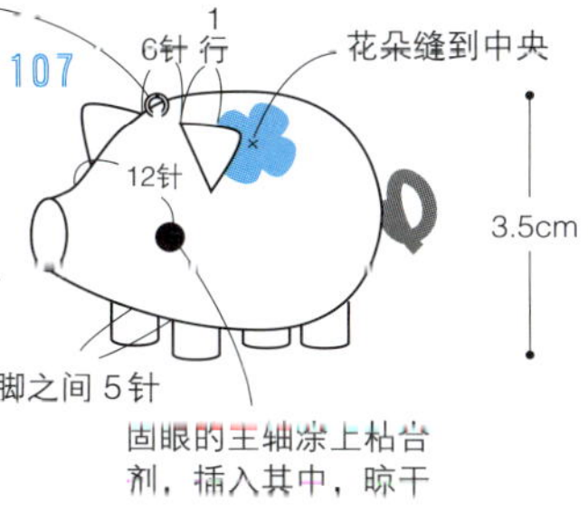

尾巴 作品 106、107 共通

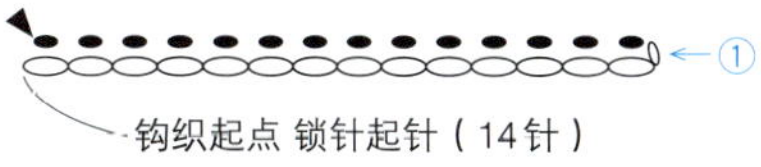

✿ 海豹、海豚

制作方法 ……P66

马上就要开始表演的海豚与抱着球的灰白色海豹。
远远看着就觉得快乐无比。

✿ 小猫、小狗

制作方法 111~113……P67　114……P87

人人都爱的可爱小猫与小狗。
活泼的蝴蝶结与项圈都是亮点。

108 图片 P64

准备材料

{编织线} Daruma手工编织线 小卷Café Demi：
灰色…3g，白色…2g，深粉色、橙色、松石蓝…各少许

{其他材料} HAMANAKA：固眼（4mm）…2颗、2mm…1颗，
填充棉…少许，粘合剂…适量

{针} 钩针3/0号

{成品尺寸} 参照图

※ 固眼的主轴涂上粘合剂，插入其中。

眼睛

主体
胸鳍、尾鳍
灰色
钩织方法参照作品109

鼻尖
白色
钩织方法参照作品109

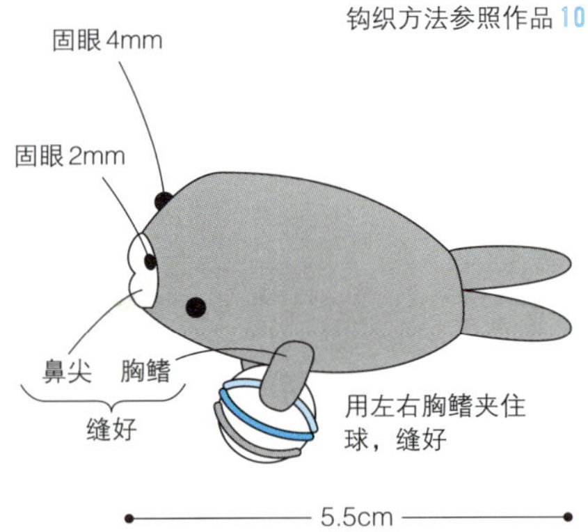

球
白色

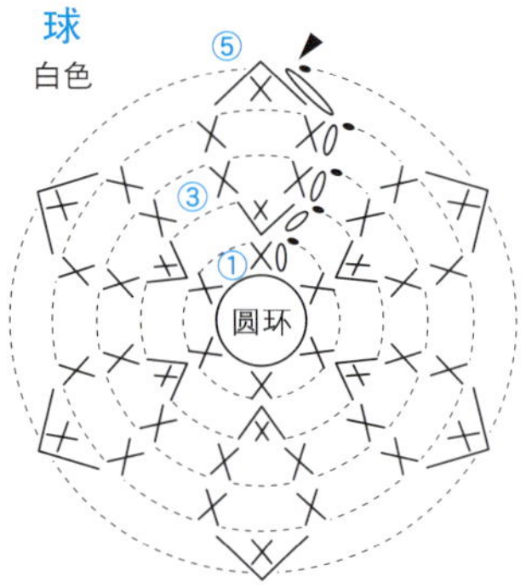

球的拼接方法

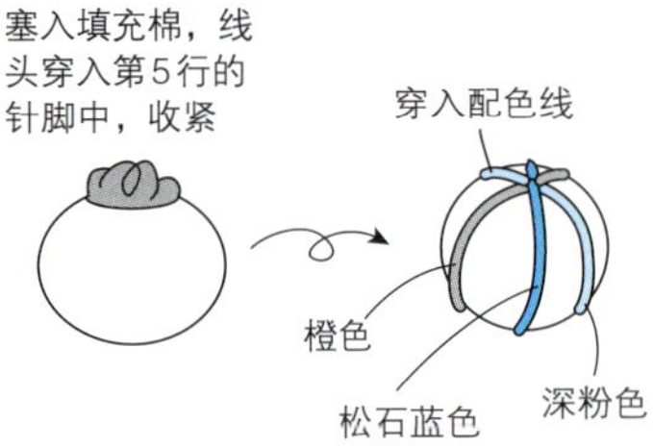

110 图片 P64

准备材料

{编织线} Daruma手工编织线 小卷Café Demi：
本白色…3g，白色…1g

{其他颜色} HAMANAKA：固眼4mm…2颗、2mm…1颗，填充棉…少许，粘合剂…适量

{针} 钩针3/0号

{成品尺寸} 参照图

主体
胸鳍 } 本白色
尾鳍

钩织方法参照作品109

※ 固眼的主轴涂上粘合剂，插入其中。

鼻尖 白色

眼睛

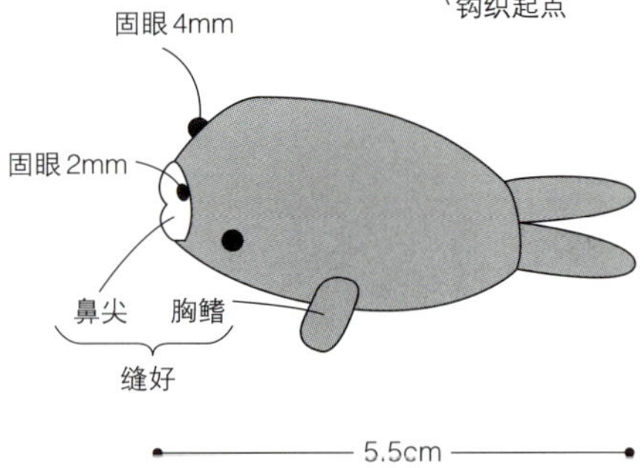

109 图片 P64

准备材料

{编织线} Daruma手工编织线 小卷Café Demi：
松石蓝色…3g，白色…1g

{其他材料} HAMANAKA：固眼4mm…2颗、
2mm…1颗，填充棉…少许，粘合剂…适量

{针} 钩针3/0号

{成品尺寸} 参照图

尾鳍的钩织拼接方法 松石蓝色

●处的针脚与▒处的针脚重叠，2针一起钩织☆

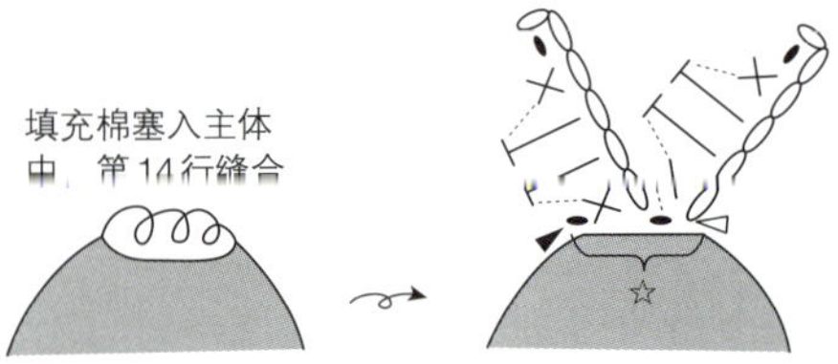

鼻尖
松石蓝色

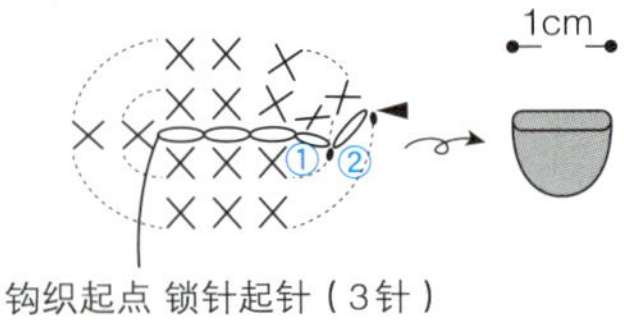

※ 固眼的主轴涂上粘合剂，插入其中。

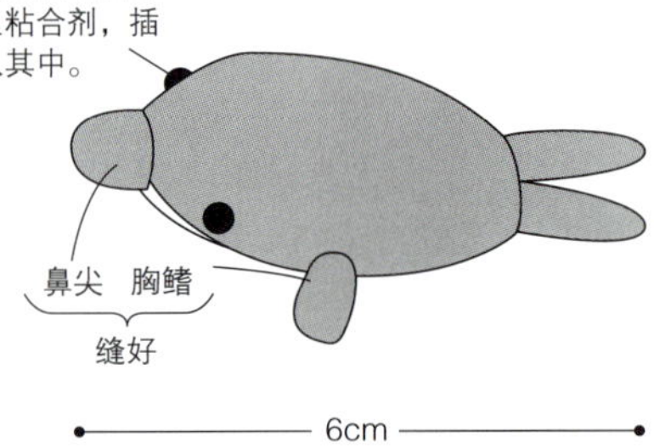

胸鳍 2块 松石蓝色

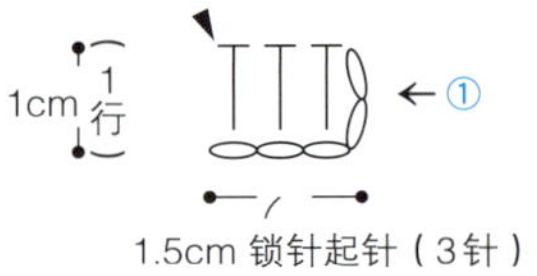

主体
—— = 松石蓝色
—— = 白色

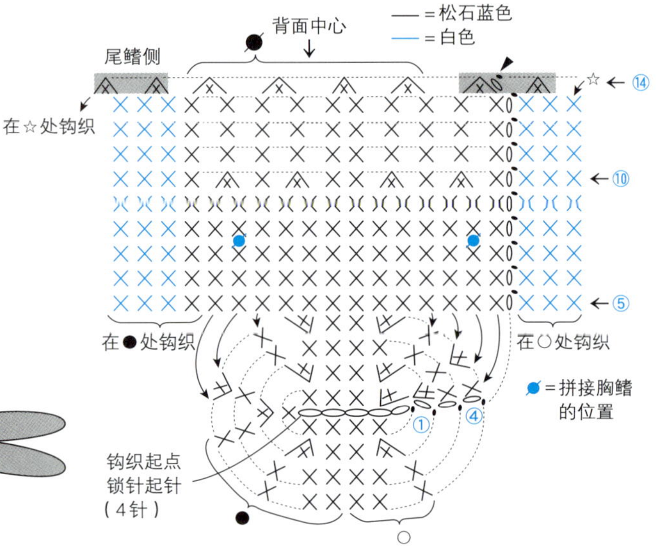

※ 第5~13行钩织嵌入花样。
包住松石蓝色的编织线（参照P95），同时白色线暂时停下，钩织下一行时将编织线穿入钩织起点处，再继续钩织。

111 ✿ 图片 P65

准备材料

{编织线} Daruma手工编织线 小卷Café Demi：浅米褐色…2g，红色、茶色、白色…各1g

{其他材料} TOHO：圆形扣5mm（银色）…1颗，HAMANAKA：固眼4mm…2颗，玩偶鼻子…1个，填充棉、蕾丝针…少许，粘合剂…适量

{针} 钩针3/0号

{成品尺寸} 参照图

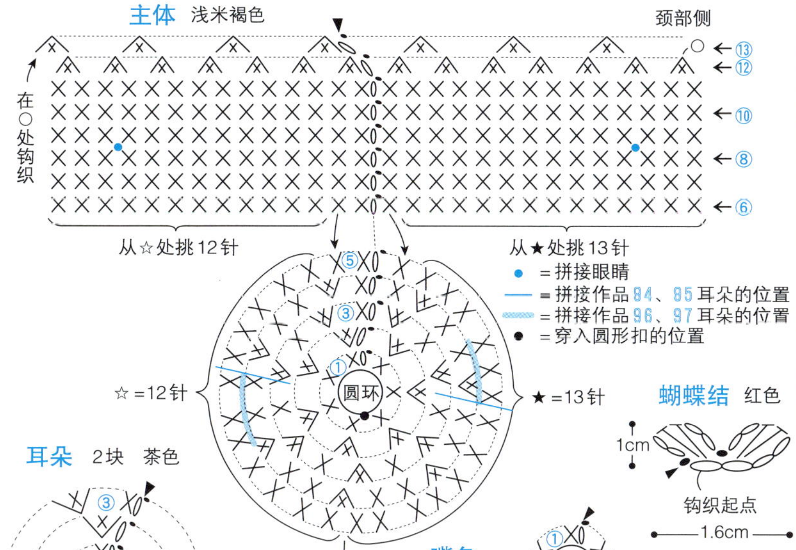

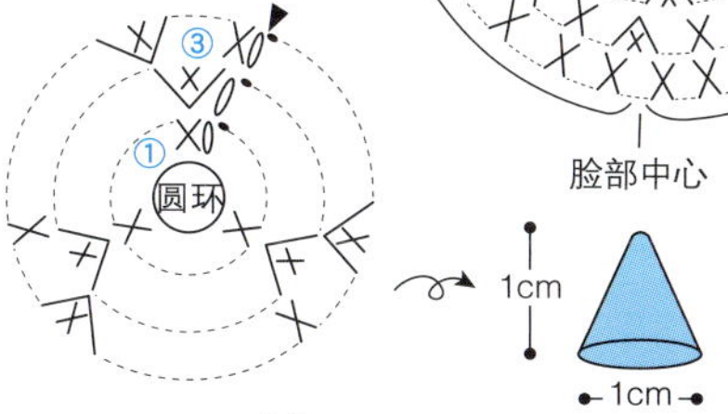

主体的拼接方法

塞满填充棉，线头穿入最终行的针脚中，收紧

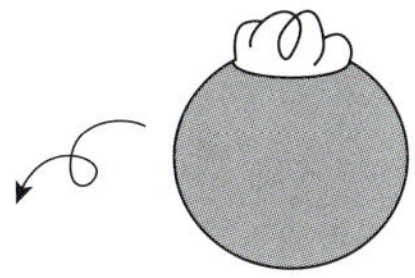

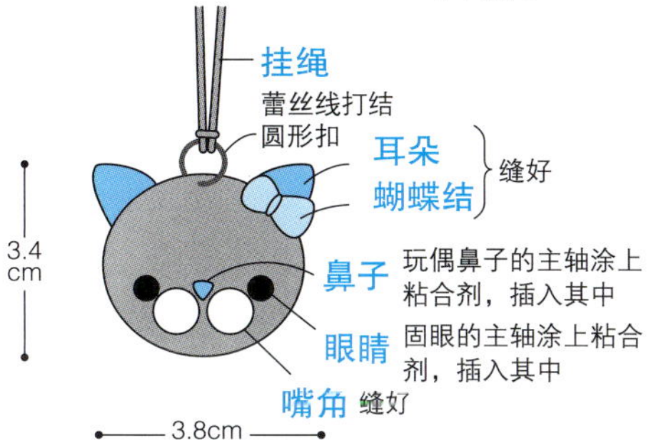

113 ✿ 图片 P65

准备材料

{编织线} Daruma手工编织线 小卷Café Demi：米褐色…2g，蓝色、焦茶色、白色…各1g

{其他材料} TOHO：圆形扣5mm（银色）…1个，HAMANAKA：固眼4mm…2颗，玩偶鼻子…1个，填充棉、蕾丝线…少许，粘合剂…适量

{针} 钩针3/0号

{成品尺寸} 参照图

主体 米褐色

钩织方法参照作品111

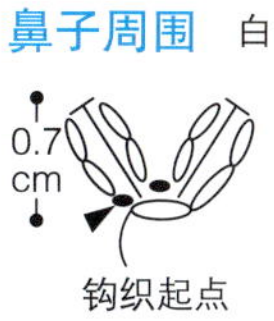

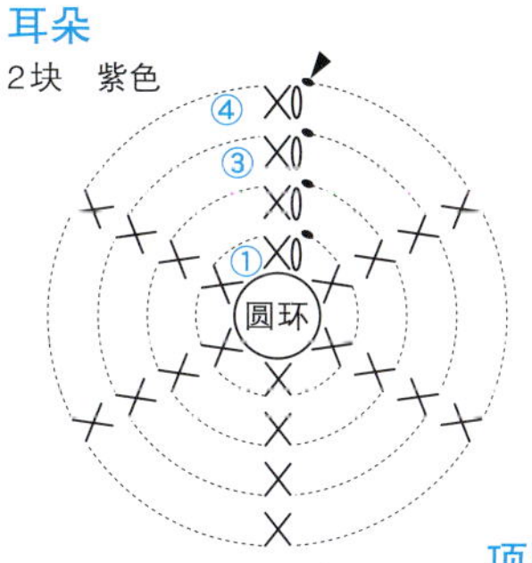

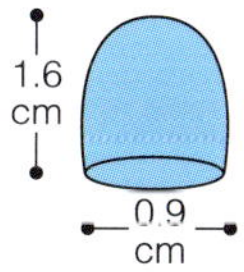

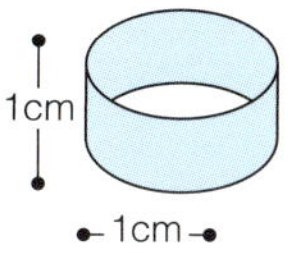

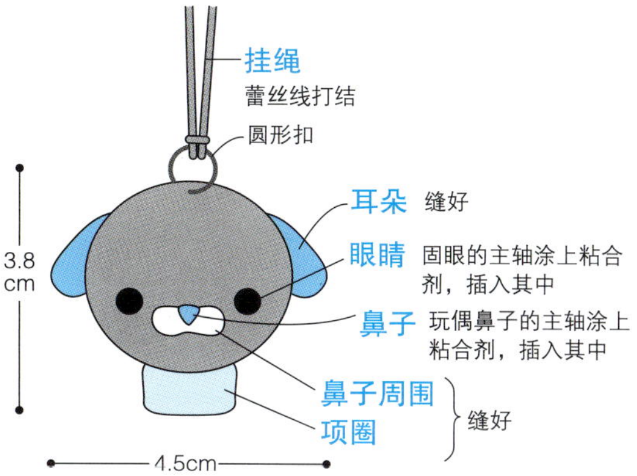

112 ✿ 图片 P65

准备材料

{编织线} Daruma手工编织线 小卷Café Demi：本白色…2g，芥末色、白色、黑色…各1g

{其他材料} TOHO：圆形扣5mm（银色）…1个，HAMANAKA：固眼4mm…2颗，玩偶鼻子…1个，填充棉、蕾丝线…少许，粘合剂…适量

{针} 钩针3/0号

{成品尺寸} 参照图

主体 本白色

耳朵 黑色
芥末色 各1块

嘴角 白色 2块

钩织方法参照作品111

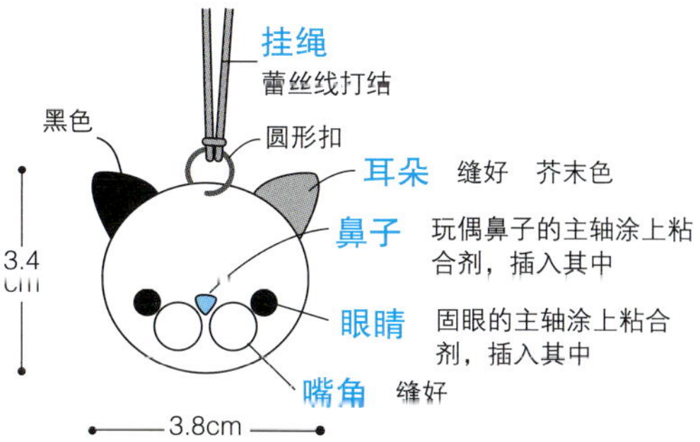

PART 4 人气花样

俄罗斯套娃、达拉木马，男孩喜欢的车、恐龙、厨房用具……
汇集广受欢迎的各式花样。到底要钩织哪一个呢？

115　116　117

俄罗斯套娃

制作方法 ……P70、71

身着鲜艳衣服的三个女孩。
从背影看也非常漂亮吧？
用不同的颜色钩织，摆放在一起做装饰。

达拉木马

制作方法 ……P90

人气颇高的北欧杂货“达拉木马”，
听说能带来好运哦。
用幸运花样制作成钥匙扣，
随时带在身边。

准备材料

{编织线} DMC 25号刺绣线：
作品115 绿色、蓝色…各2束，肤色…1束，黄色、米褐色、嫩绿色、粉色、红色…各0.5束
作品116 红色、绿色…各2束，肤色…1束，黄色、米褐色、嫩绿色、粉色…各0.5束
作品117 红色、蓝色…各2束，肤色…1束，黄色、米褐色、嫩绿色、粉色…各0.5束

{其他材料} 作品115~117共通
珍珠串珠（黑色、3mm）…各2颗，填充棉…适量

{针} 作品115~117共通 钩针2/0号

{成品尺寸} 参照图

主体 各1个

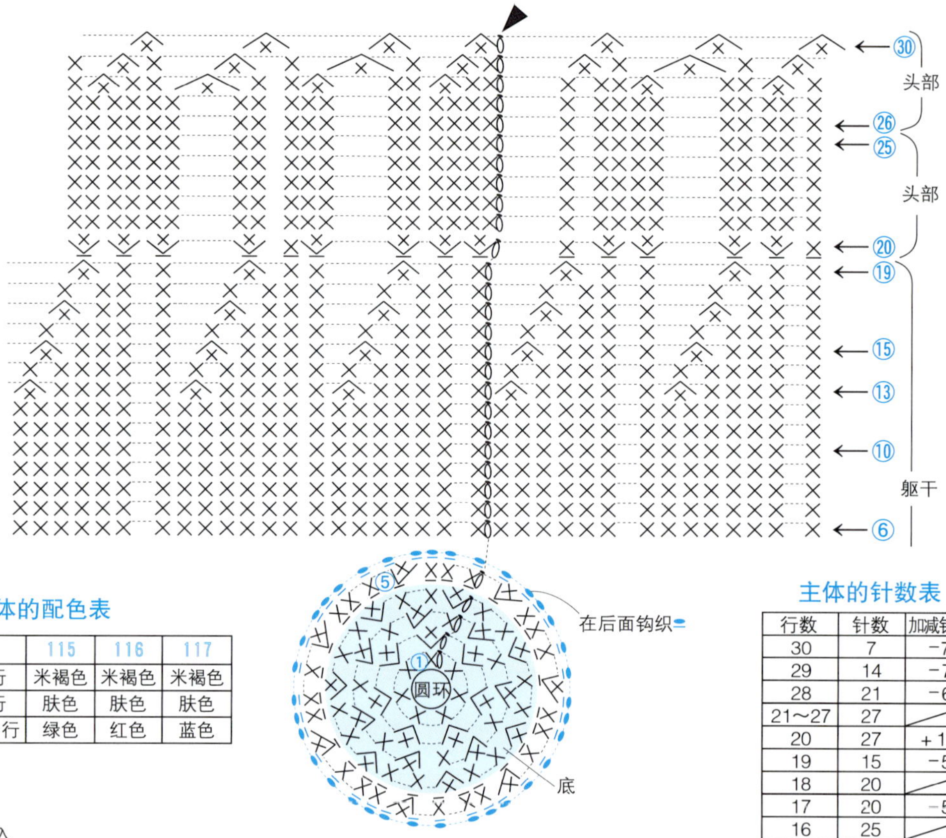

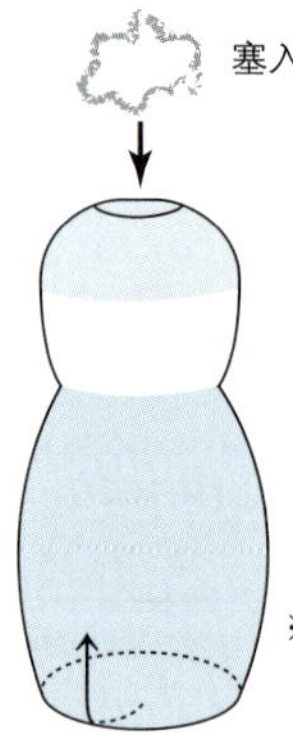

※塞入填充棉后，线头穿入最终行的针脚中，收紧。

主体的配色表

	115	116	117
头部 第26~30行	米褐色	米褐色	米褐色
脸部 第20~25行	肤色	肤色	肤色
底、躯干 第1~19行	绿色	红色	蓝色

主体的针数表

行数	针数	加减针数
30	7	－7
29	14	－7
28	21	－6
21~27	27	
20	27	＋12
19	15	－5
18	20	
17	20	－5
16	25	
15	25	－5
14	30	
13	30	－5
6~12	35	
5	35	＋7
4	28	＋7
3	21	＋7
2	14	＋7
1	7	

×＝短针的条针
第5行…将上一行的外侧半针挑起
第20行…将上一行的内侧半针挑起

▬＝钩织完躯干后，将第4行内侧剩余的半针挑起后织入引拔针

头巾 各1块

●＝拼接蝴蝶结的位置

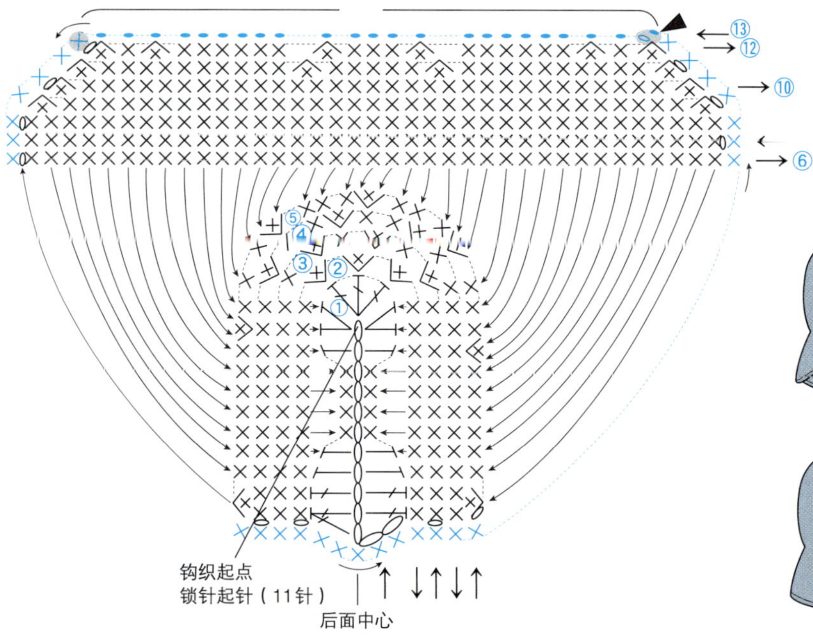

头巾、蝴蝶结的配色表

115	116	117
蓝色	绿色	红色

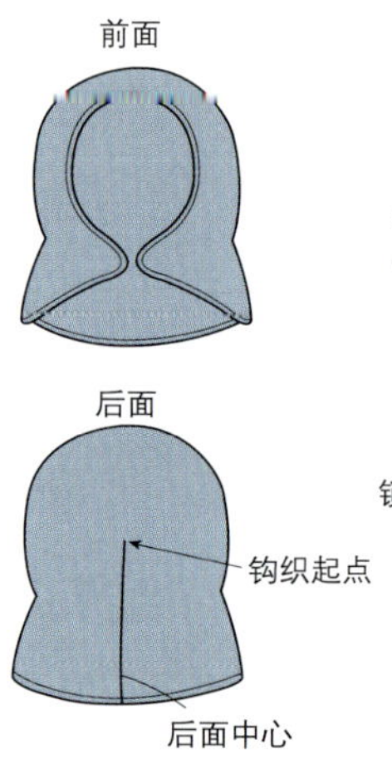

蝴蝶结 各1块

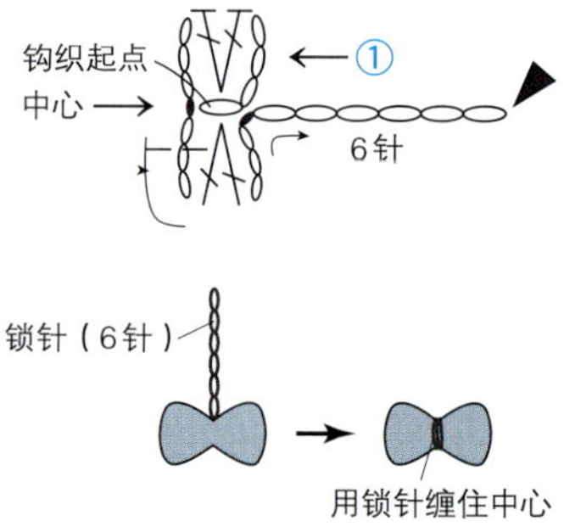

拼接方法

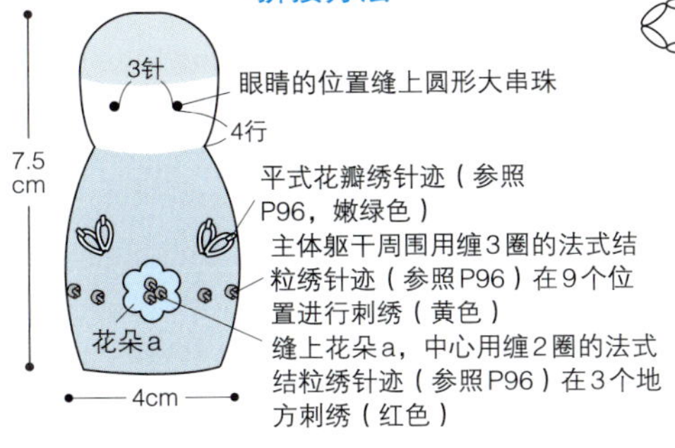

※ 主体中塞入填充棉，线头穿入最终行的针脚中，收紧。

花朵a 各1块…粉色

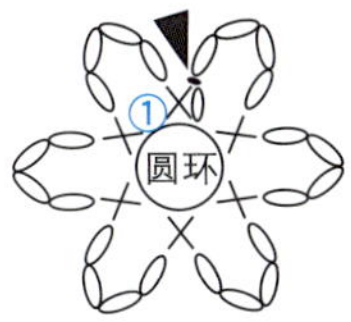

花朵b 各1块…黄色

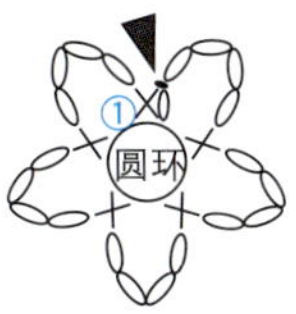

前面

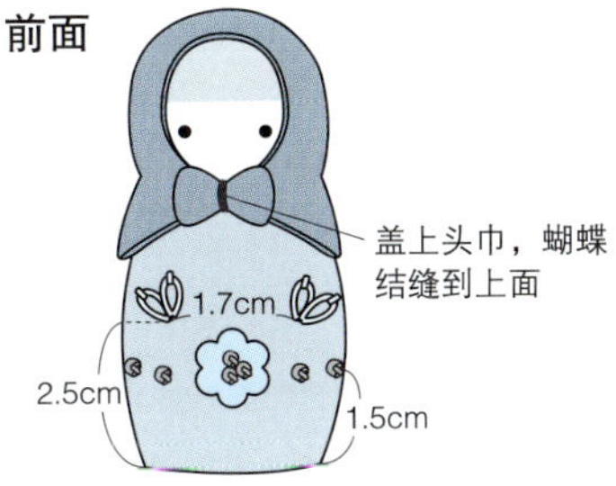

背面

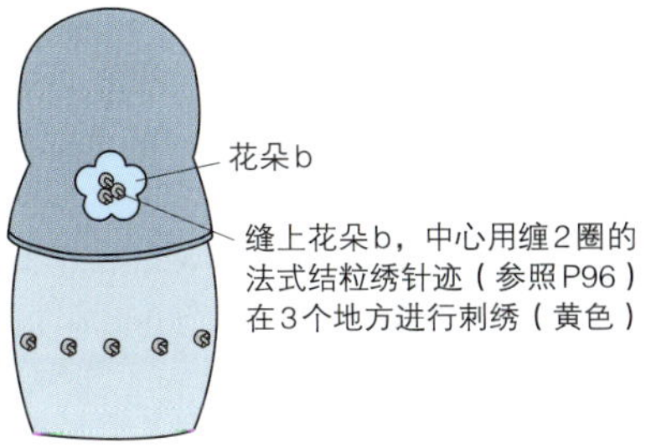

68 ✿ 图片 P40

准备材料

{编织线}
奥林巴斯Emmygrande<Herbs>：芥末色…4g，Emmygrande：深绿色…少许
{其他材料} 填充棉…适量
{针} 蕾丝针0号
{成品尺寸} 参照图

钩织方法顺序

1 果实用圆环起针，中途塞入填充棉，同时按照图示方法钩织，编织线穿入最终行的7个针脚中，收紧。

2 叶子与茎织入6针锁针起针（茎的部分），将锁针的里山挑起，织入引拔针。接着再织入8针锁针，钩织叶子。

3 果实部分参照图，收紧线后穿入顶部与底部，形成凹陷。茎与叶子缝到果实的顶部，注意整体平衡。

鸭梨（果实） 芥末色

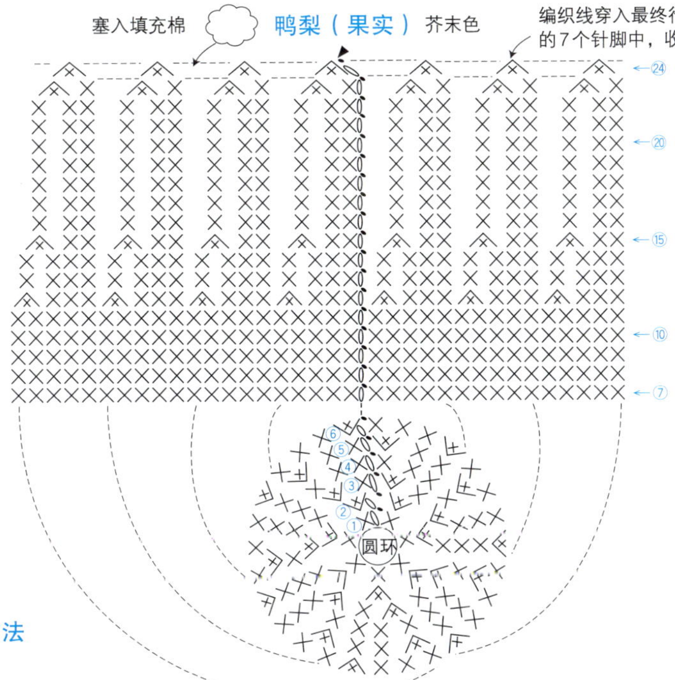

鸭梨（果实）的针数表

行数	针数	
24	7针	每行−7针
23	14针	
22	21针	无加减针
21	21针	
20	21针	
19	21针	
18	21针	
17	21针	
16	21针	
15	21针	−7针
14	28针	无加减针
13	28针	
12	28针	−7针
11	35针	无加减针
10	35针	
9	35针	
8	35针	
7	35针	
6	35针	每行+7针
5	28针	
4	21针	无加减针
3	21针	每行+7针
2	14针	
1	7针	

茎与叶子

深绿色

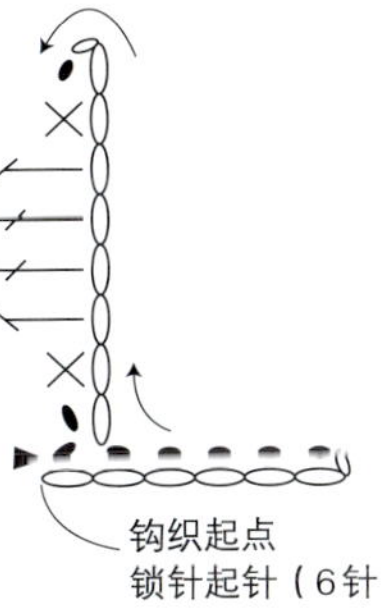

拼接方法

收紧线后，按照图示方法穿入钩织终点处，从顶部穿到底部，拉紧后形成凹陷

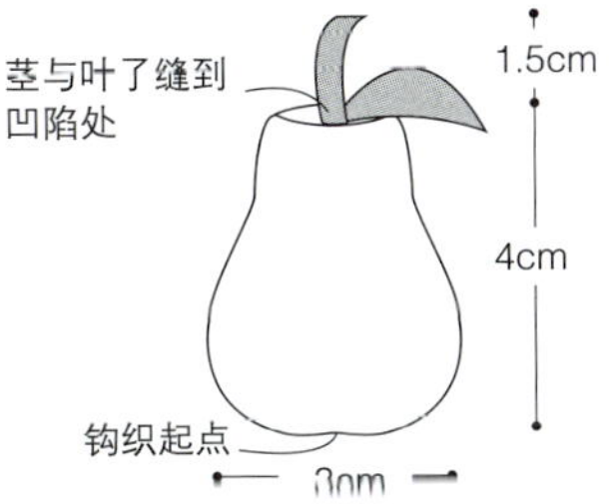

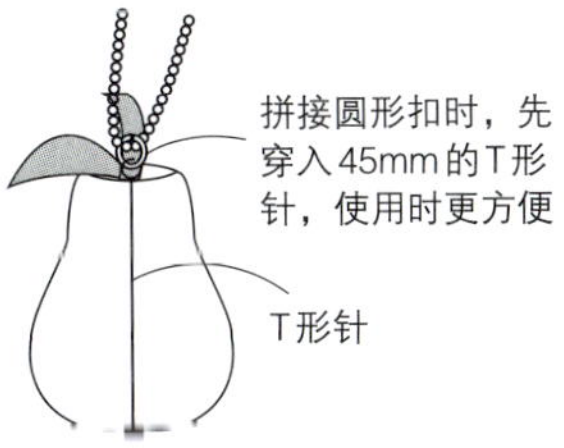

✿ 车、新干线

制作方法 ……P74

重点课程 122~124……P7

男孩们都喜欢的车与新干线，
集齐各种颜色的款式吧。

124

123

122

127

126

125

✿ 恐龙

制作方法 ……P75

重点课程 129……P7

帅气的绿色三角龙和鲜亮的橙色剑龙搭配便当盒，在朋友面前也能炫耀一番哦！

128 129

122~124 ✿ 图片 P72 重点课程 P7

准备材料

{编织线} 奥林巴斯25号刺绣线：
作品122 红色…1束，灰色（浅灰色、深灰色）、黑色…各0.5g
作品123 蓝色…1束，灰色（浅灰色、深灰色）、黑色…各0.5g
作品124 绿色…1束，灰色（浅灰色、深灰色）、黑色…各0.5g
{其他材料} 作品122~124共通
填充棉…少许
{针} 作品122~124共通 蕾丝针0号
{成品尺寸} 参照图

主体 ①、② 各1块

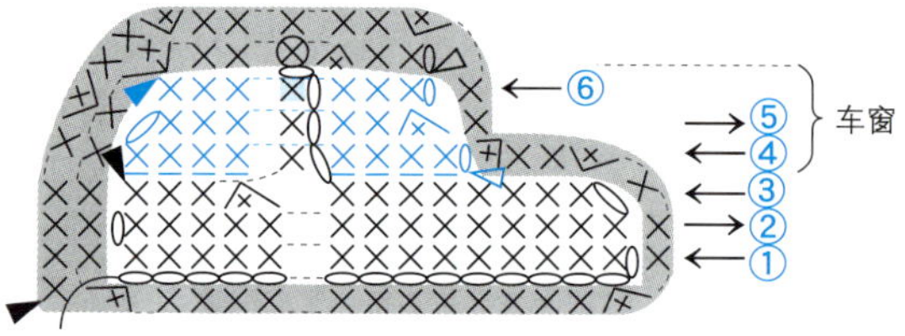

※将锁针的里山挑起钩织第1行的短针。
※钩织第3行时，先织入1针立起的锁针，再钩织短针（8行），接着钩织车窗的锁针（3针），织入1针立起的锁针，在此3针锁针中织入短针（3针）。然后钩织短针2针并1针，再钩织3针锁针。
※从第4行开始，参照P7钩织①、②（仅有车窗倒向内侧，或是倒向外侧的区别）。

作品122~124配色表

	122	123	124
	红色	蓝色	绿色
	浅灰色	浅灰色	浅灰色
	黑色	黑色	黑色
	深灰色	深灰色	深灰色

车轮 各4块

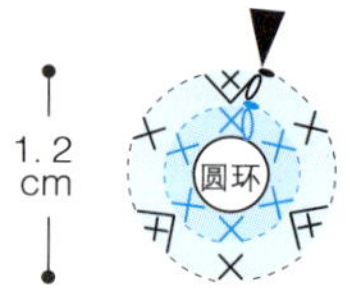

拼接方法

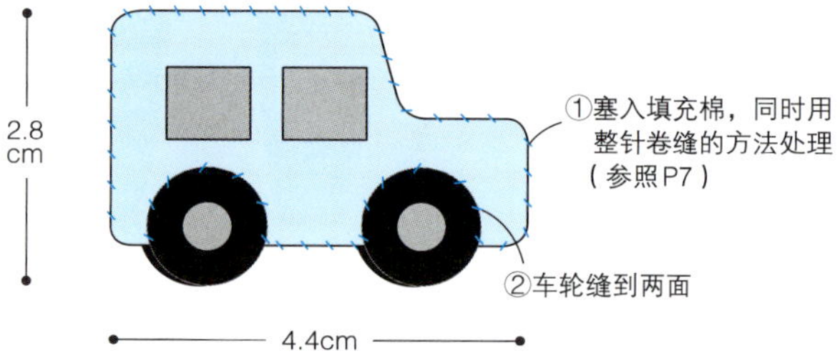

125~127 ✿ 图片 P72

准备材料

{编织线} 奥林巴斯25号刺绣线：
作品125 红色、深灰色、白色、黑色、绿色…各0.5束
作品126 蓝色、灰色（深灰色、浅灰色）、蛋黄色、黑色…各0.5束
作品127 深蓝色、深灰色、黄色、白色、黑色…各0.5束
{准备材料} 作品125~127共通
填充棉…少许
{针} 作品125~127共通 蕾丝针0号
{成品尺寸} 参照图

拼接方法

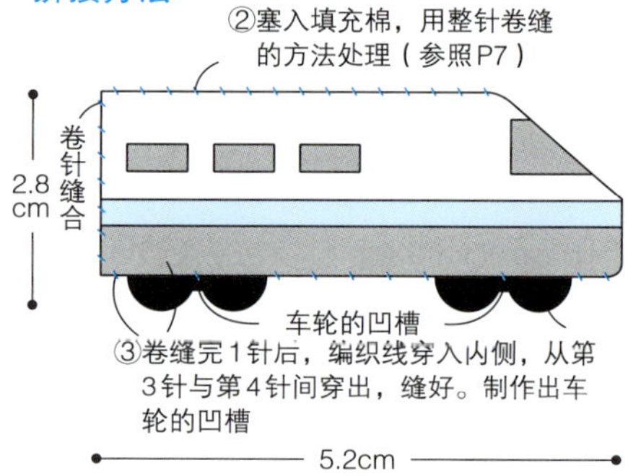

主体

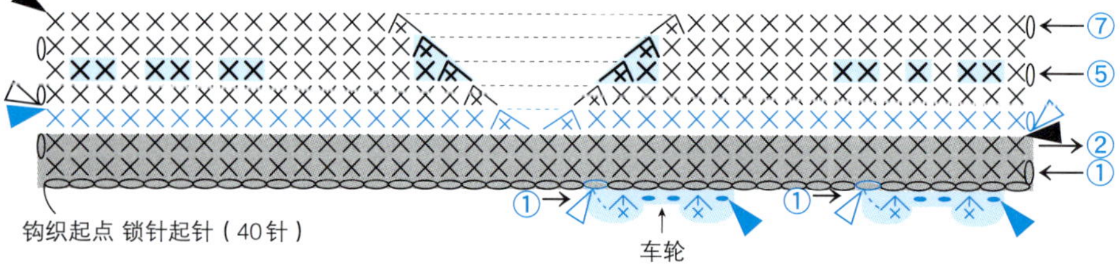

※将锁针的里山挑起钩织第1行的短针。

作品125~127配色表

	125	126	127
	白色	浅灰色	蓝色
	绿色	蓝色	黄色
	红色	蛋黄色	白色
	深灰色	深灰色	深灰色
	黑色	黑色	黑色

车轮的钩织方法

※车轮的主体对折后，将起针（锁针）处的外侧半针挑起后接线，再将与的外侧半针挑起钩织。

准备材料

{编织线}奥林巴斯25号刺绣线：

绿色…2束，灰色…0.5束

{其他材料}

填充棉…少许，亚克力珠（2.5mm黑色）…2颗

{针}蕾丝针0号

{成品尺寸}参照图

犄角（小） 灰色

犄角（大） 灰色

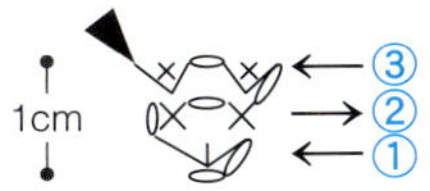

脚 绿色 4块

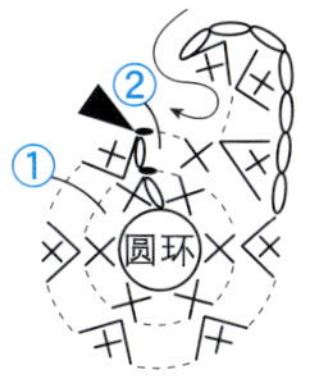

三角龙

躯干 绿色 2块

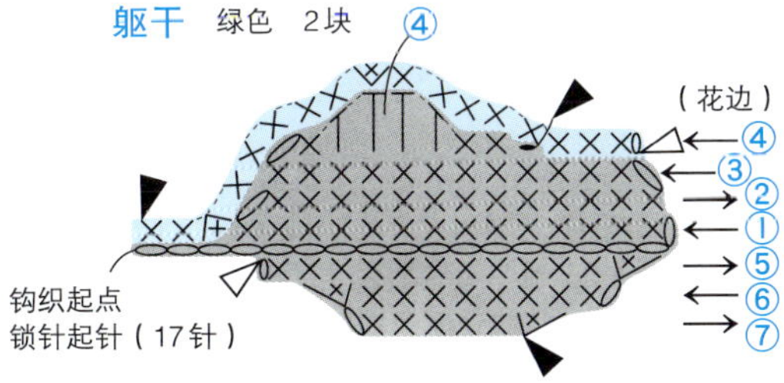

※ 将锁针的里山挑起后钩织第1行的短针。

脸 绿色 2块

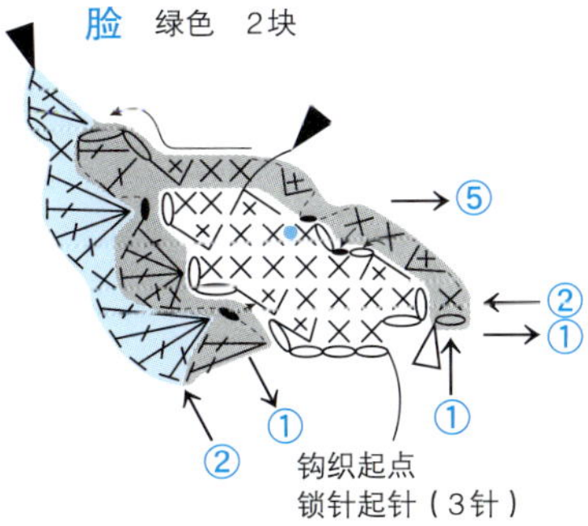

● = 拼接眼睛（串珠）的位置

拼接方法

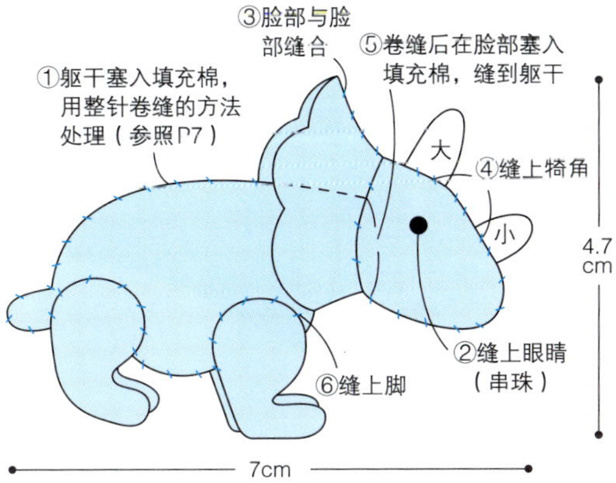

准备材料

{编织线}奥林巴斯25号刺绣线：

橙黄色…1束，橙红色、红色、黄色…各0.5束

{其他材料}

填充棉…少许，亚克力珠（2.5mm黑色）…2颗，粘合剂…适量

{针}蕾丝针0号

{成品尺寸}参照图

脚 橙黄色 4块

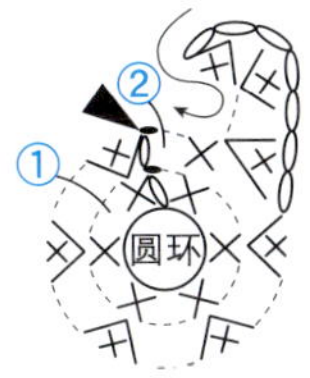

拼接尾巴的方法

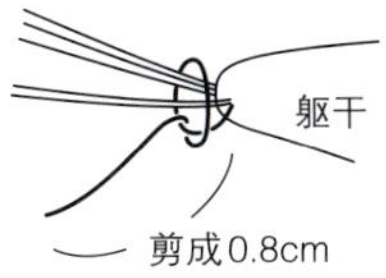

3根线（红色）结成束，穿入躯干中，对折后用其中的根线按照图示方法打结，再涂上粘合剂固定

剑龙

躯干 2块

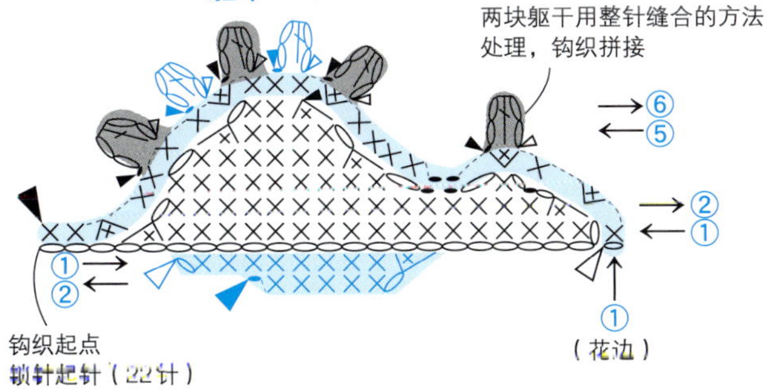

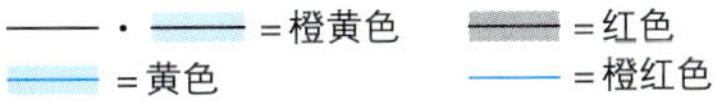

拼接方法

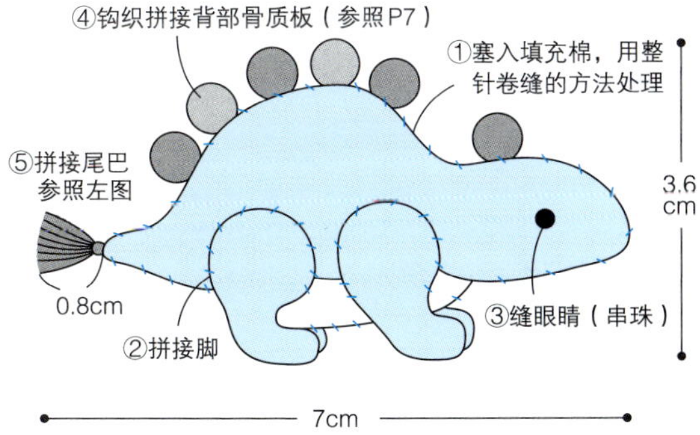

✿ 厨房小物

制作方法 130~133……P78　134~138……P79

139、140……P10

重点课程 132、133……P84

在平底锅内放上鸡蛋和菠菜，
仿佛能听到锅里滋滋的声音。
一圈彩色的钩边非常具有魅力。

漂亮的嵌入花样点缀出五颜六色的杯子。
粉色、黄绿色、红色……用自己喜欢的杯子来享受闲适的下午茶时间……

130 图片 P76

{编织线} Daruma蕾丝线 Supima Crochet Soft：白色…2g，红色、黄绿色…各1g
{针} 钩针2/0号
{成品尺寸} 参照图

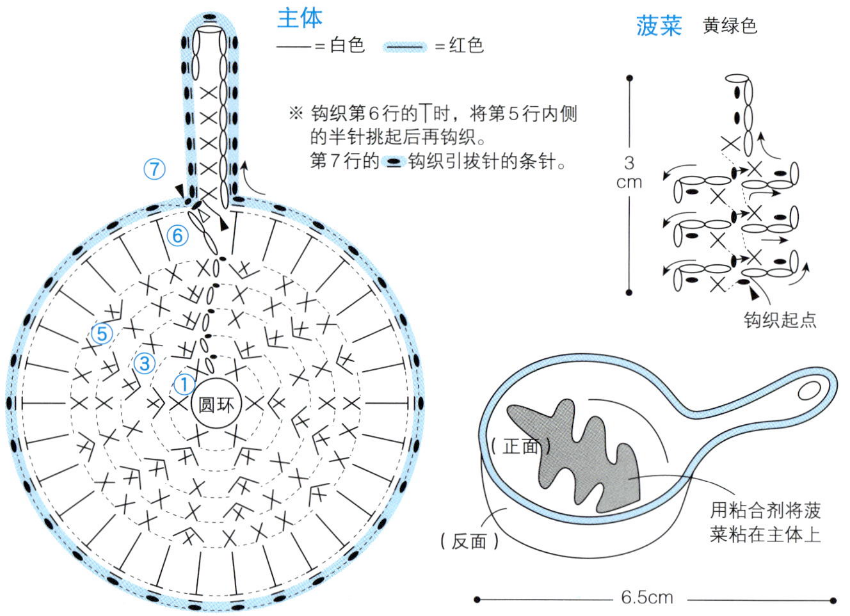

131 图片 P76

准备材料

{编织线}
Daruma蕾丝线 Supima Crochet Soft：黑色…2g，白色…1g，Supima Crochet：黄色…少许
{其他材料} TOHO：钥匙扣（银色）…1个
{针} 蕾丝针0号，钩针2/0号
{成品尺寸} 参照图

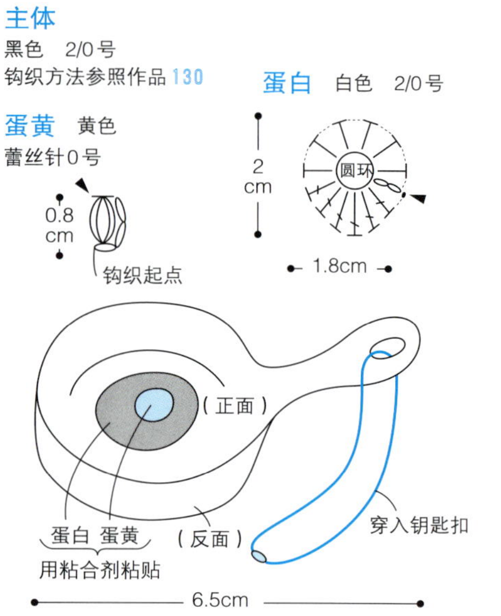

132 图片 P76 重点教程 P84

准备材料

{编织线} Daruma蕾丝线 Supima Crochet Soft：黄色…4g
{其他材料} 木质串珠（直径5mm）…1颗，填充棉…适量
{针} 钩针2/0号
{成品尺寸} 参照图

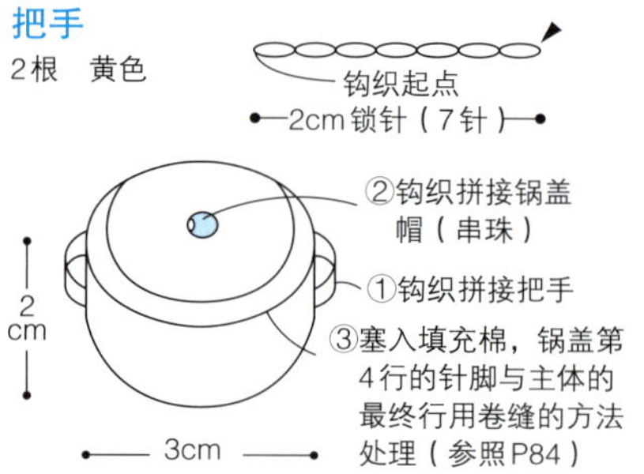

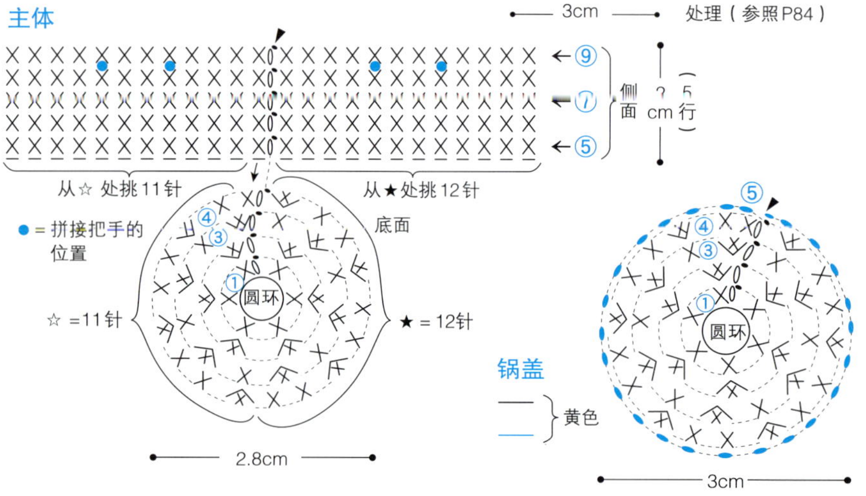

133 图片 P76 重点教程 P84

准备材料

{编织线} Daruma手工编织线 Supima Crochet Soft：红色…4g，白色…1g
{其他材料} 填充棉…适量
{针} 钩针2/0号
{成品尺寸} 钩针2/0号
{成品尺寸} 参照图

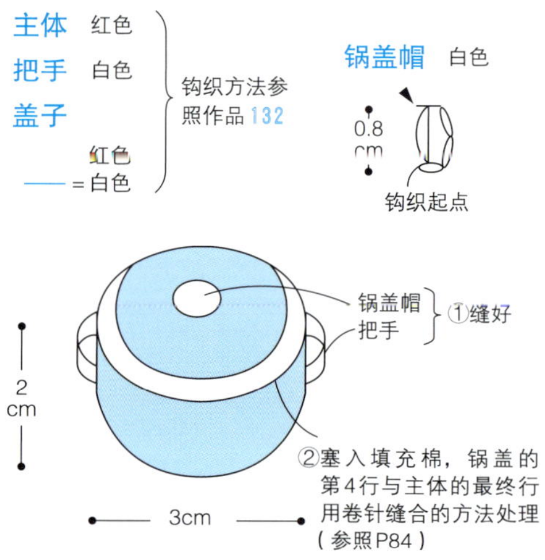

136 ✿ 图片 P77

准备材料

{编织线} 奥林巴斯 Emmygrande<Colors>：

黄绿色…2g，本白色…1g

{针} 蕾丝针0号 {成品尺寸} 参照图

作品134~138主体的针数表

行数	针数	加减针数
13	24	-6
7~12	30	
6	30	+6
5	24	
4	24	+6
3	18	+6
2	12	+6
1	6	

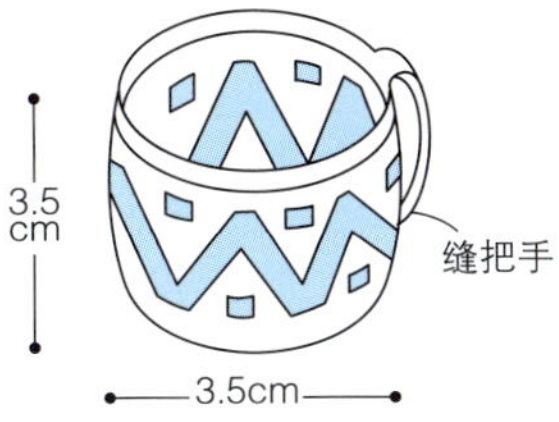

主体

— =黄绿色 ▬ =本白色

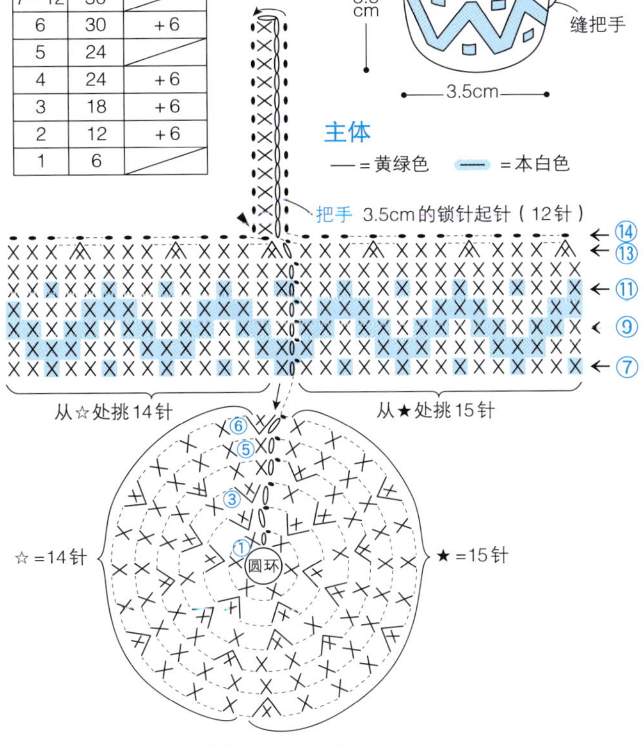

※ 嵌入花样的钩织方法参照P95。

134 ✿ 图片 P77

准备材料

{编织线} 奥林巴斯 Emmygrande<Colors>：

粉色…2g，本白色…1g

{针} 蕾丝针0号

{成品尺寸} 参照图

主体

— =粉色

▬ =本白色

底面（1~6行）的钩织方法参照作品136用粉色钩织

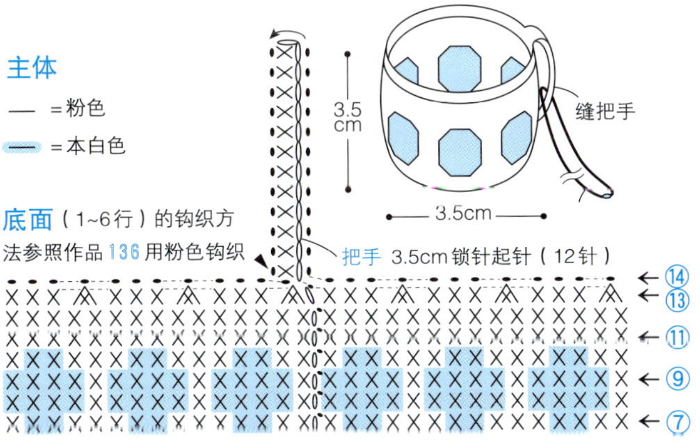

※ 嵌入花样的钩织方法参照P95。

135 ✿ 图片 P77

准备材料

{编织线} 奥林巴斯 Emmygrande<Colors>：

深橙色…2g，本白色…1g

{针} 蕾丝针0号

{成品尺寸} 参照图

主体

— =深橙色

▬ =本白色

底面（1~6行）的钩织方法参照作品136用深橙色钩织

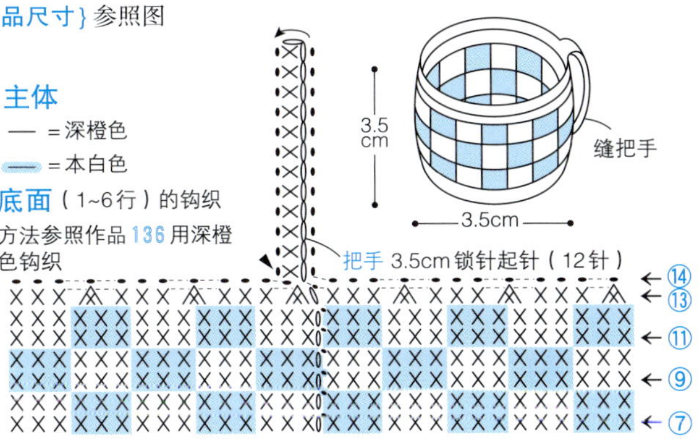

※ 嵌入花样的钩织方法参照P95。

137 ✿ 图片 P77

准备材料

{编织线} 奥林巴斯 Emmygrande<Colors>：

本白色…2g，红色…1g

{针} 蕾丝针0号

{成品尺寸} 参照图

主体

— =红色

▬ =本白色

底面（1~6行）的钩织方法参照作品136用本白色钩织

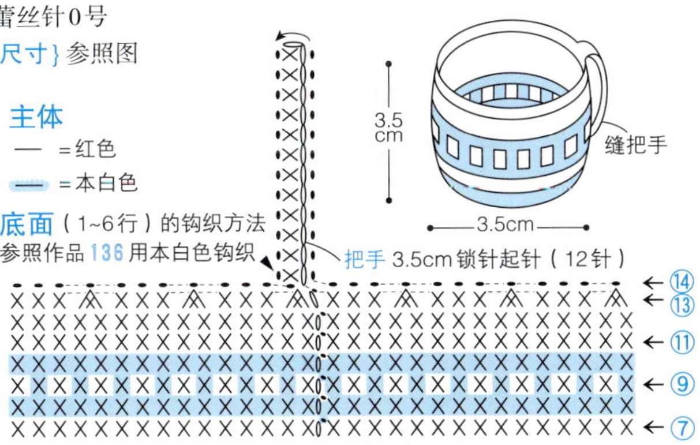

※ 嵌入花样的钩织方法参照P95。

138 ✿ 图片 P77

准备材料

{编织线} 奥林巴斯 Emmygrande<Colors>：

本白色…2g，淡蓝色…1g

{针} 蕾丝针0号

{成品尺寸} 参照图

主体

— =本白色

▬ =淡蓝色

底面（1~6行）的钩织方法参照作品136用本白色钩织

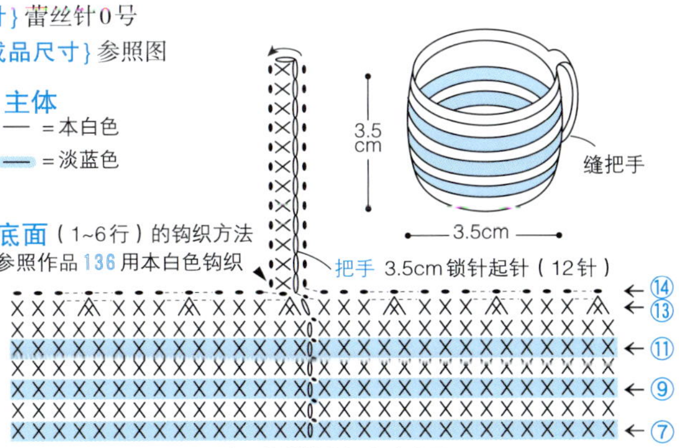

※ 嵌入花样的钩织方法参照P95。

圣诞树、袜子

制作方法 141~146……P91　147~152……P82、83

重点教程 141~146……P84

既可以用作装饰，又可以用作礼物。
多钩织一些，圣诞节时可以装点出节日的气氛。

将手工编织的花样挂在圣诞树上，
透出浓浓的节日气氛。

粉色的春意花样，加上别针后，
变身为成熟又可爱的饰品。

147 图片 P80

准备材料

{编织线} DMC 25号刺绣线：
绿色、橙色…各1束，嫩绿色…各0.5束

{针} 蕾丝针0号

{成品尺寸} 参照图

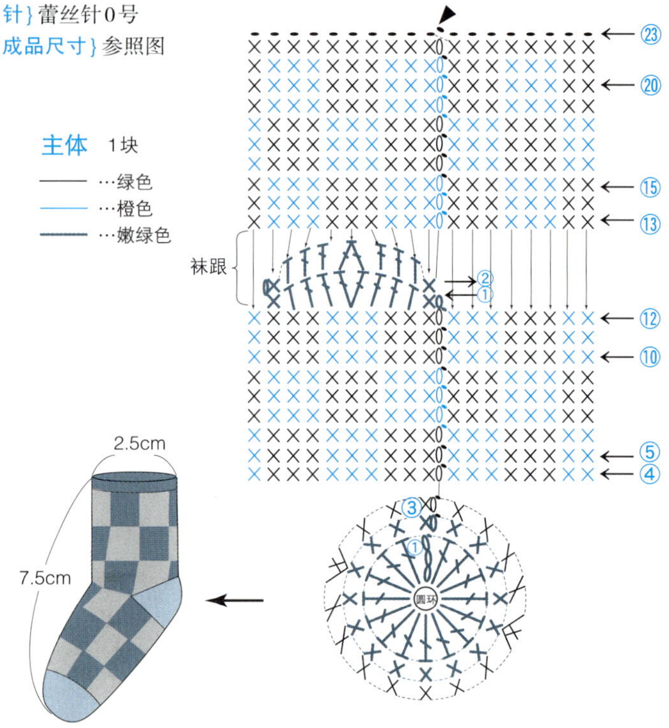

148 图片 P80

准备材料

{编织线} DMC 25号刺绣线：
红色、本白色…各1束，绿色…各0.5束

{针} 蕾丝针0号

{成品尺寸} 参照图

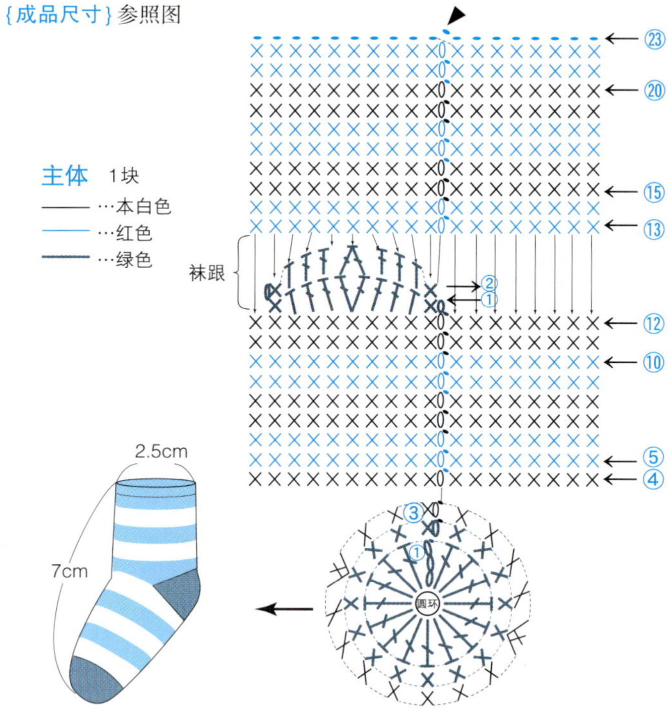

147 图片 P80

准备材料

{编织线} DMC 25号刺绣线：
红色…1.5束，本白色…0.5束

{针} 蕾丝针0号

{成品尺寸} 参照图

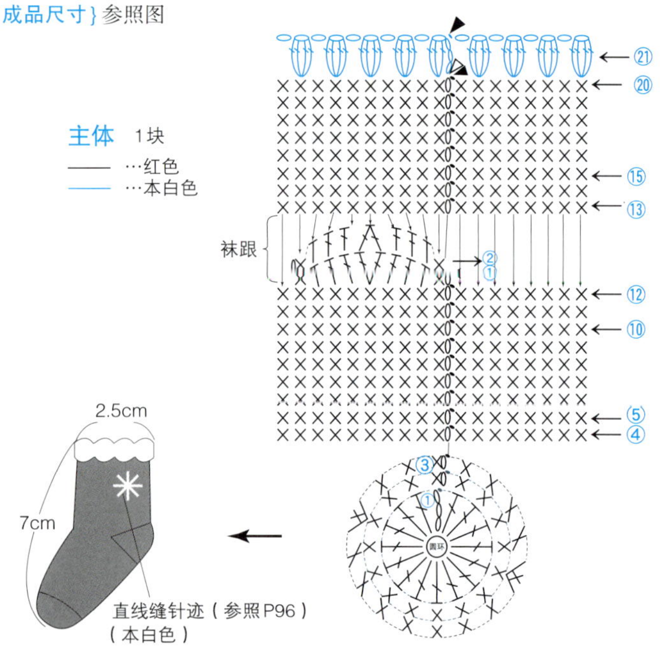

150 图片 P80

准备材料

{编织线} DMC 35号刺绣线：
淡蓝色、黄色…各1束

{针} 蕾丝针0号

{成品尺寸} 参照图

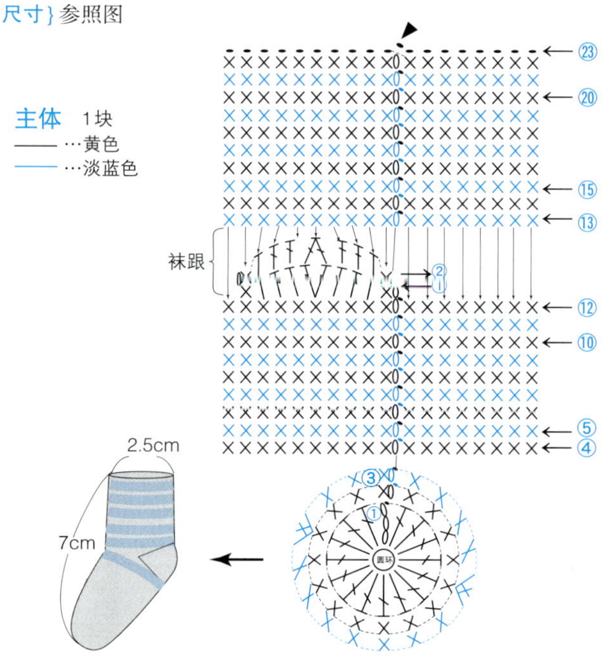

151 图片 P80

准备材料

DMC 25号刺绣线：

蓝色、黄色…各1束

{针}蕾丝针0号

{成品尺寸}参照图

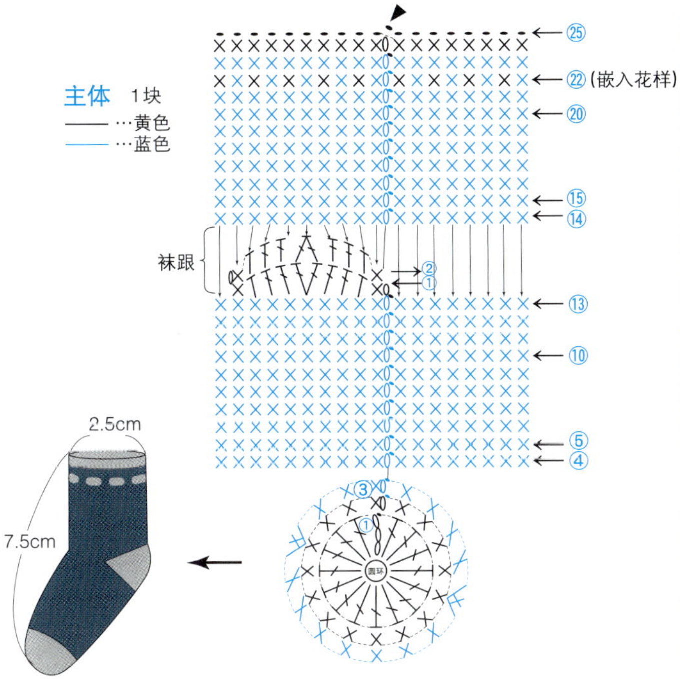

152 图片 P80

准备材料

{编织线}DMC 25号刺绣线Color Variation线：

黄色段染线…2束

25号刺绣线：粉色…0.5束

{针}蕾丝针0号

{成品尺寸}参照图

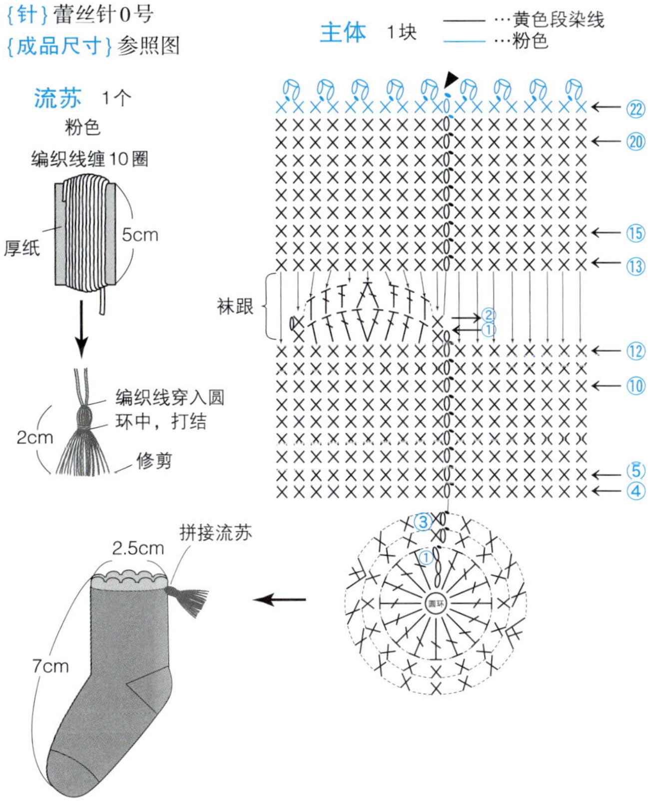

17、18 图片 P13

准备材料

{编织线}

作品17 奥林巴斯 Emmygrande<Colors>：松石蓝…3g，橙色…少许，Emmygrande<Colors>：浅黄色…少许

作品18 奥林巴斯 Emmygrande<Herbs>：粉色、红色…各1g

{针}蕾丝针0号

{成品尺寸}参照图

主体 各2块

作品17

……橙色

……松石蓝

作品18 配色表

行数	配色
16	粉色
15	红色
12~14	粉色
11	红色
8~10	粉色
7	红色
1~6	粉色

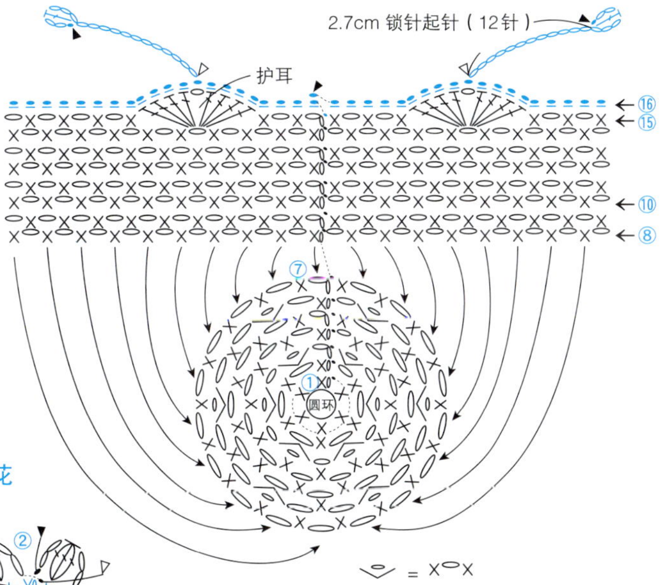

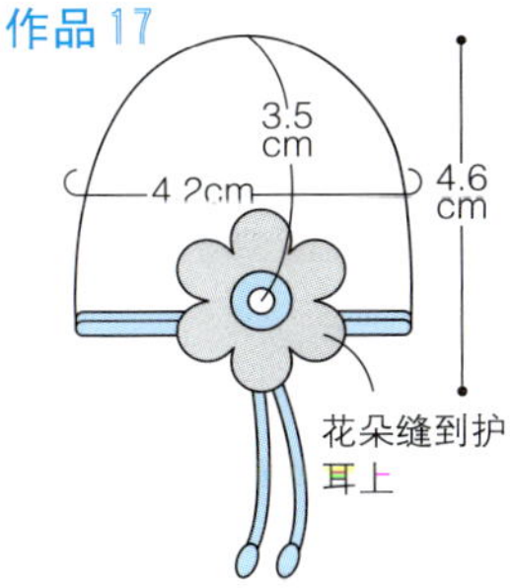

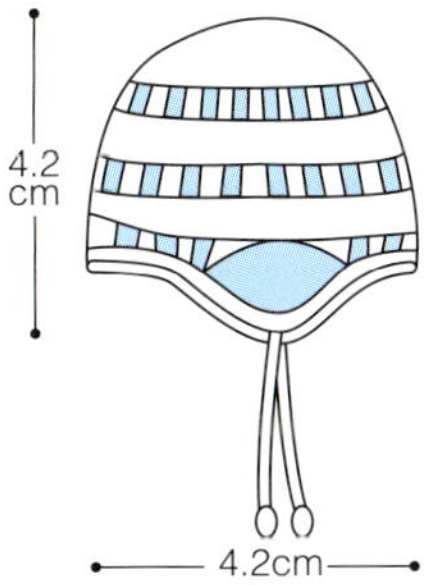

作品17 花

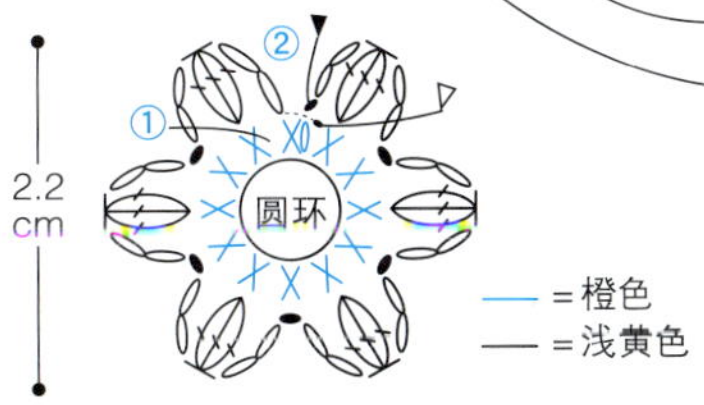

重点课程

＊为了便于说明，图片步骤解说中更换了编织线的种类及颜色等。

141~146 图片 P80、81 ✿ 圣诞树的编织方法

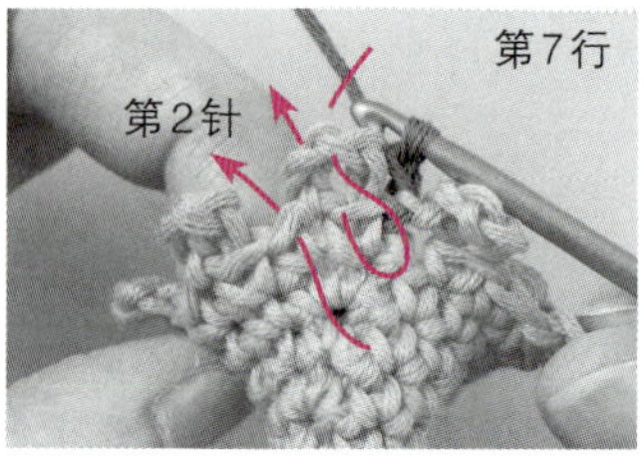

1 钩织1针立起的锁针，然后按照箭头所示，从后面将针插入上一行的小链针中，接着再将短针的尾针分开，插入钩针。

2 针上挂线，按箭头所示抽出线。

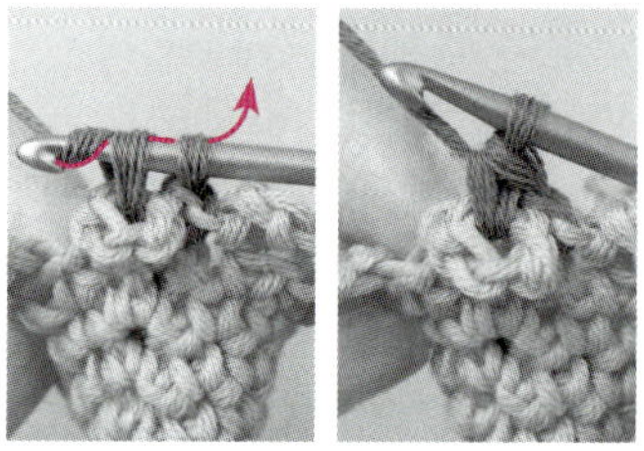

3 再次在针上挂线，引拔钩织。织入1针短针后如图（右图）。钩织第2针短针时，将钩针插入步骤1箭头所示的上一行短针的头针中，再钩织。

4 用同样的方法钩织一圈。小链针呈悬浮状。

40、43 图片 P24、25 ✿ 木莓的拼接方法

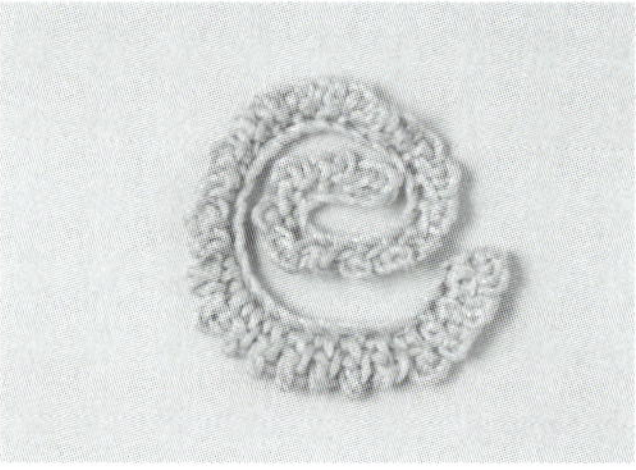

1 钩织完成后如图。

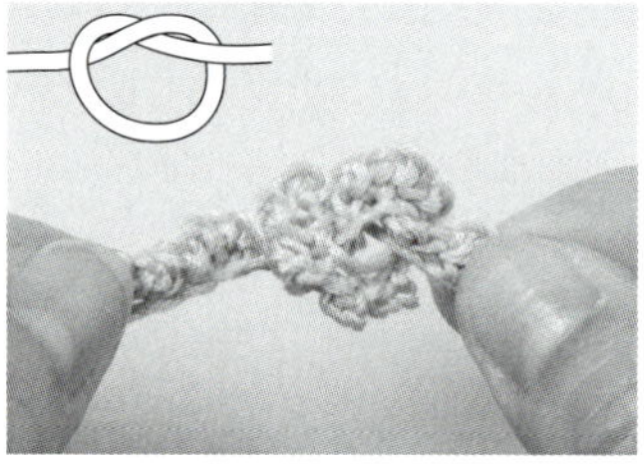

2 钩织完成后的木莓按照左上图的方法打结。

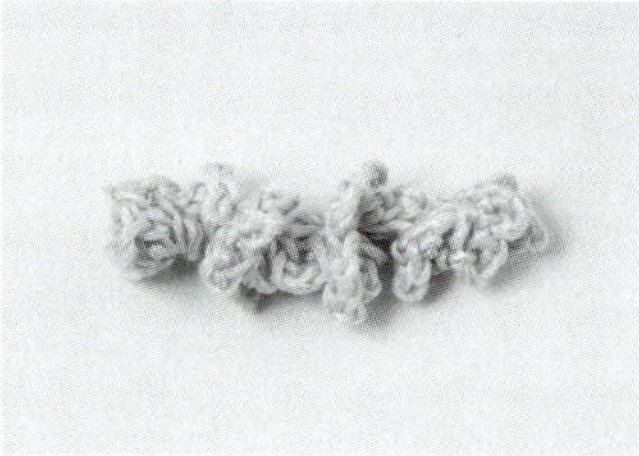

3 步骤2的打结重复3~4次。

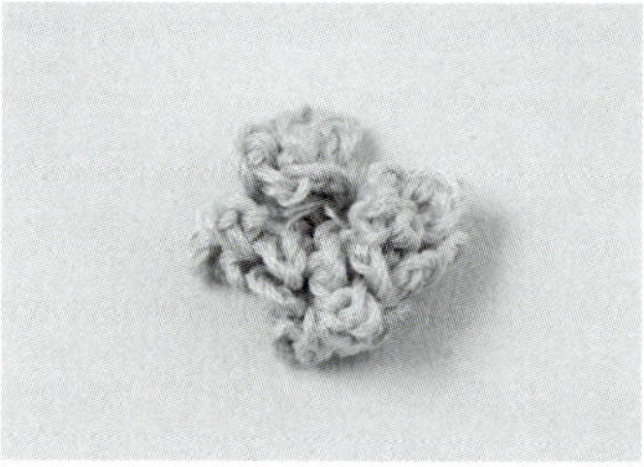

4 整理成圆形，底部缝好，完成。

132、133 图片 P76 ✿ 盖子的钩织拼接方法

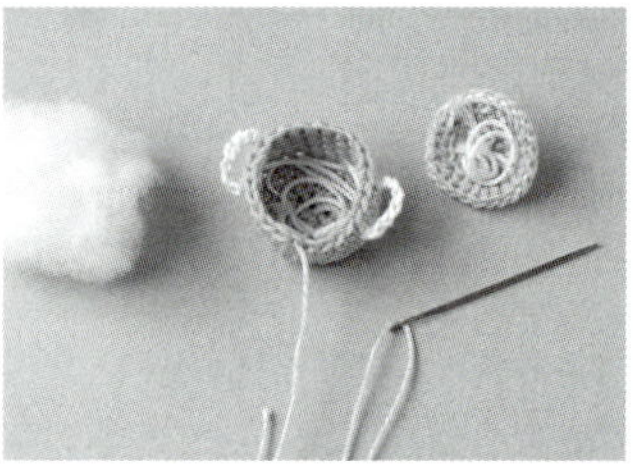

1 钩织主体、盖子、把手、盖帽，把手缝到主体上，盖帽缝到盖子上，准备填充棉。

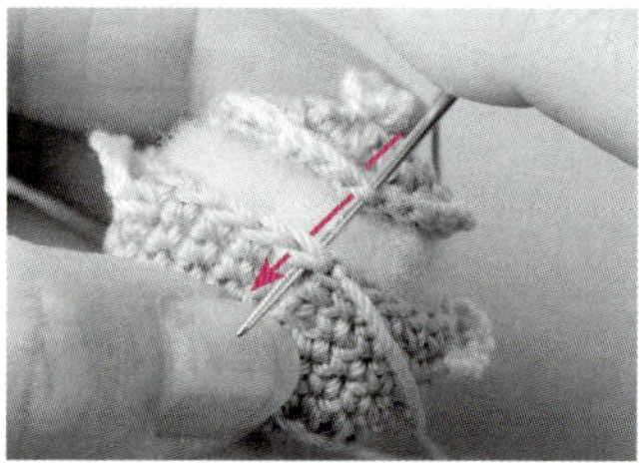

2 填充棉塞入主体中，与盖子缝合，再将编织线穿入盖子第4行与主体的最终行。

3 参照步骤2的箭头，逐一将每针卷缝缝合。中途看情况，适量增减填充棉的量（右下图）。

4 线头穿入织片中，再剪断。

✿ 圆形扣的拼接方法

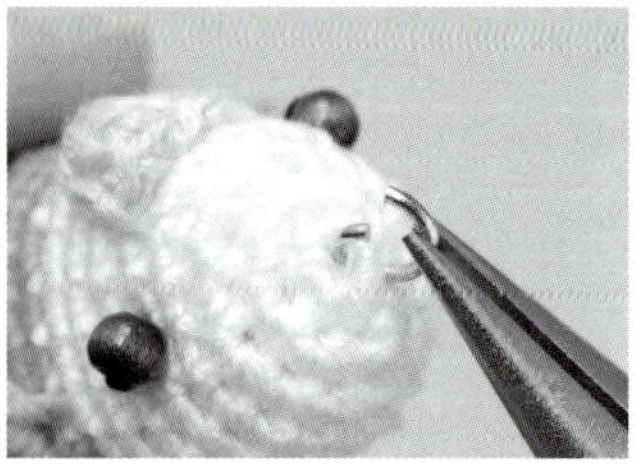

1 金属配件与玩偶拼接时，使用圆形扣更方便。不用圆形扣时，用编织线直接缝到金属配件上也可以。圆形扣前后错开，将织片的针脚挑起，插入其中。

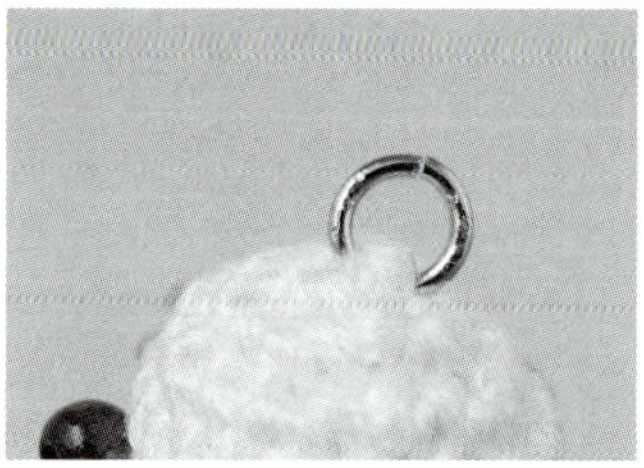

2 闭合圆形扣。

3 再选用自己喜欢的金属配件，穿入圆形扣中。

●用作装饰时

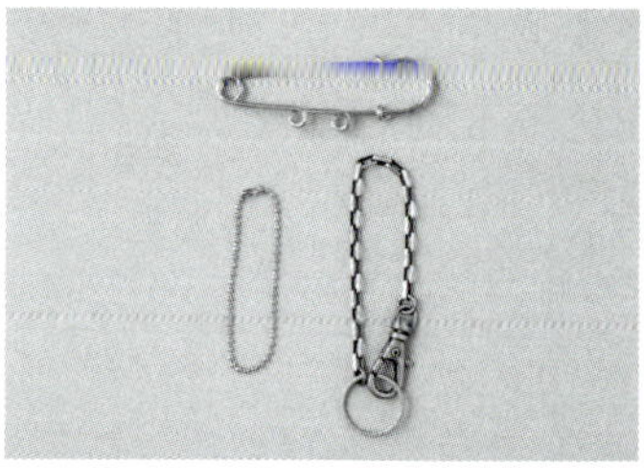

可选用别针、挂链金属配件等自己喜欢的设计。

上接P34（作品52、53）

作品53 樱桃

胭脂色 1个

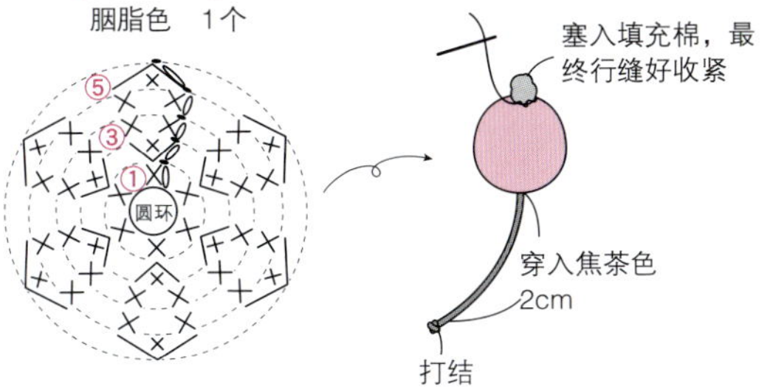

作品53 奇异果

——=本白色
——=橄榄绿

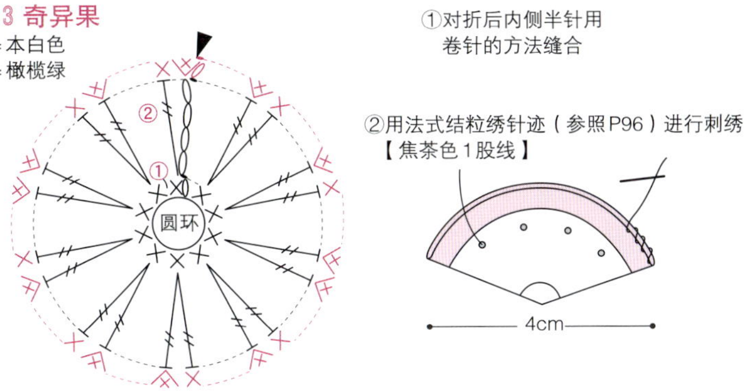

作品52 拼接

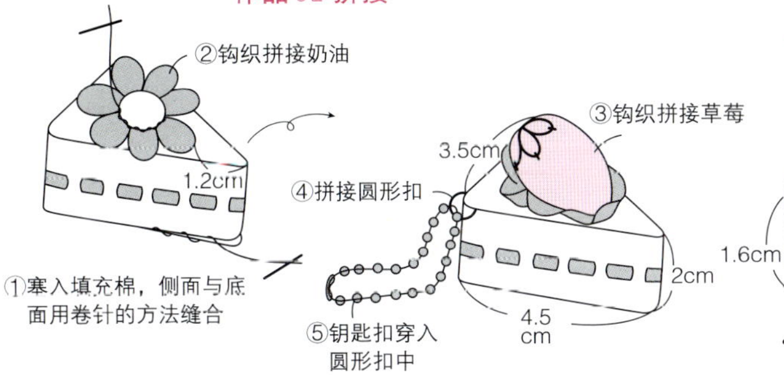

作品53 拼接方法

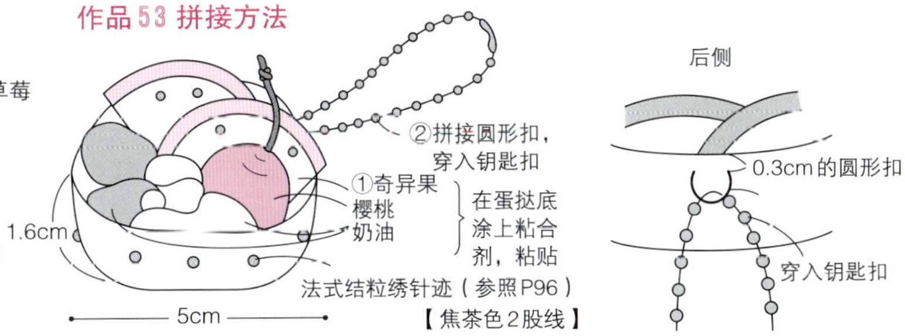

上接P62（作品105）

颈

黄色 2股线 4/0号

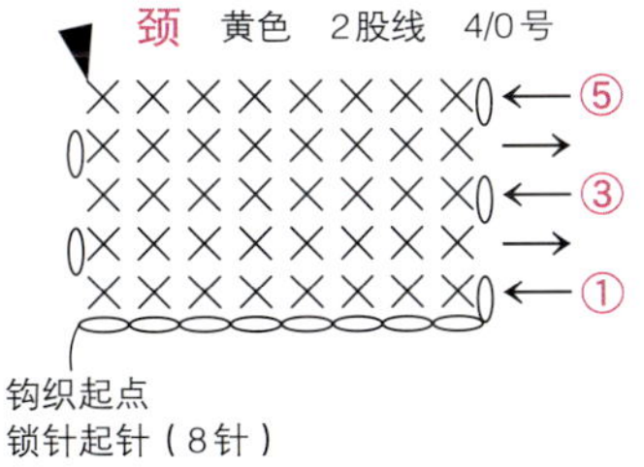

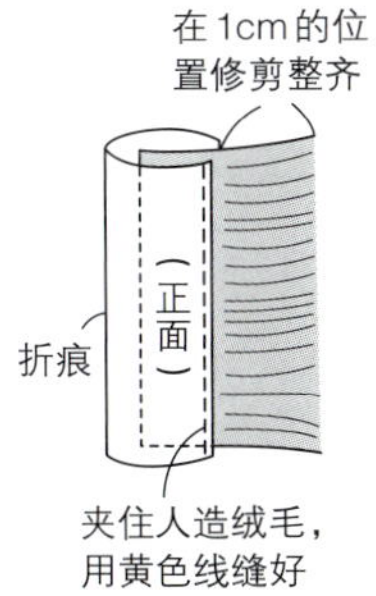

尾巴

黄色 1股线 2/0号

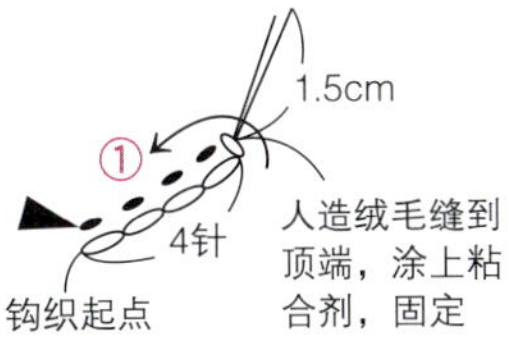

躯干的斑纹

4/0号

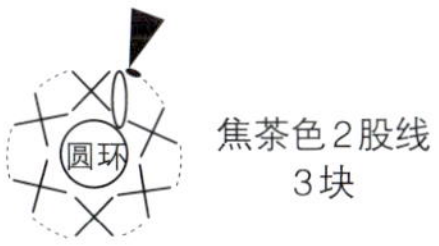

拼接方法

※将躯干的花样（除颈部以外的部分）立起的锁针置于后侧，不太显眼，再缝好。

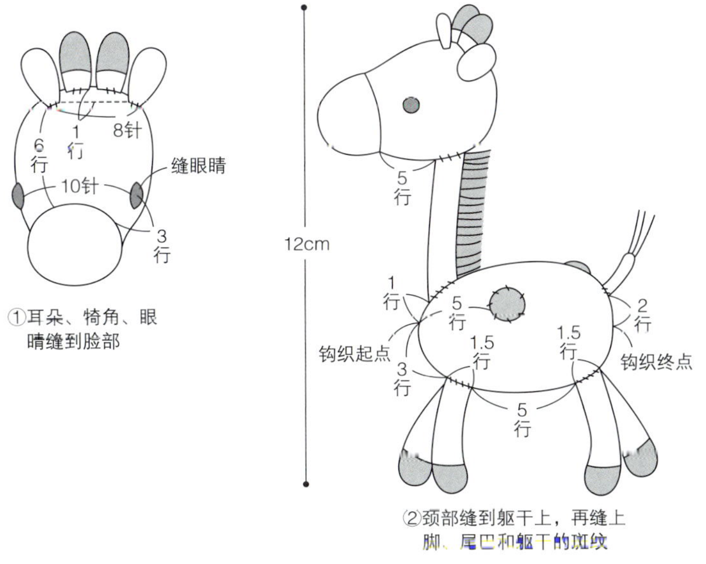

编织线的接法

编织途中编织线不足时，采用难解开的拼接打结方法

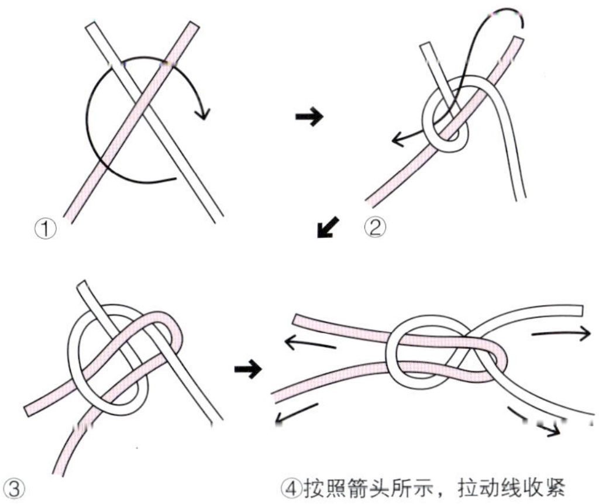

准备材料

{编织线} 奥林巴斯 Emmygrande：

奶油色…2g，红色…2g，浅黄色…少许

{其他材料} HAMANAKA：固眼 3mm…3 颗，填充棉…少许，粘合剂…适量

{针} 蕾丝针 0 号，钩针 2/0 号

{成品尺寸} 参照图

茎 浅米褐色 2/0号

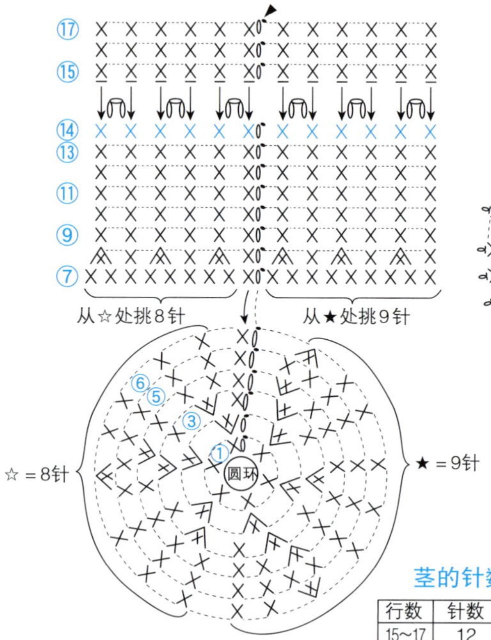

※ 钩织第 14 行的短针（X）时，将第 13 行的内侧半针挑起后再钩织。

※ 钩织第 15 行时，将上一行的织片导向内侧，再在第 13 行织片反面剩余的半针中织入短针。

茎的针数表

行数	针数	加减针数
15~17	12	
14	12	
9~13	12	
8	12	−6
7	18	
6	18	−3
5	21	
4	21	+3
3	18	+6
2	12	+6
1	6	

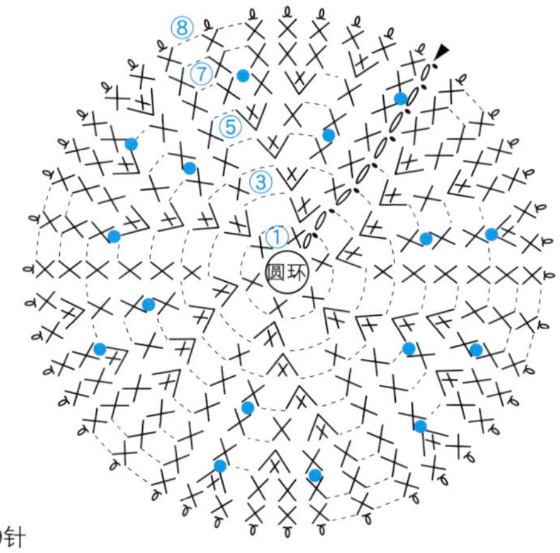

蘑菇伞的外侧 红色 2/0号

● ＝刺绣位置

X ＝将第 7 行的内侧半针挑起，织入拧扭的短针（参照 P95）

蘑菇伞的内侧 浅米褐色 蕾丝针 0 号

※ 钩织至第 7 行。

※ 第 3 行的 V 与 X 处织入 V 与 X（短针的条针）。

蘑菇伞的针数表

行数	针数	加减针数
8	42	
7	42	每行+6
6	36	每行+6
5	30	每行+6
4	24	每行+6
3	18	每行+6
2	12	每行+6
1	6	

拼接方法

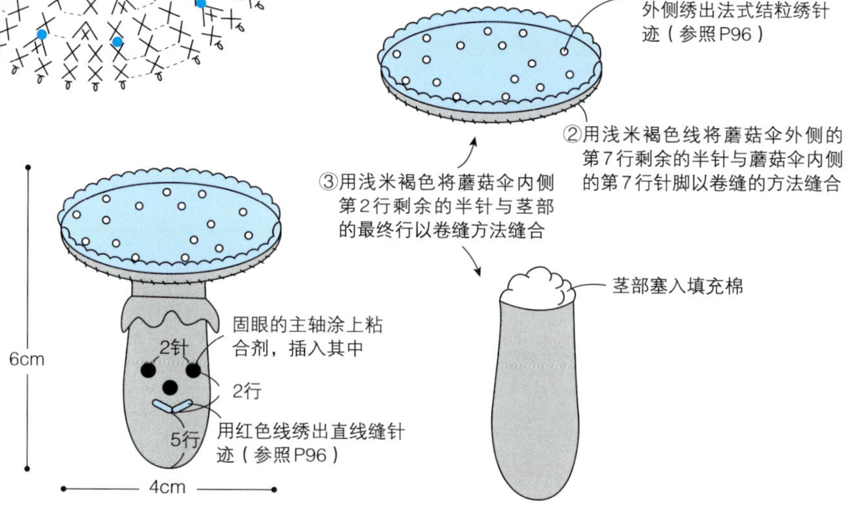

准备材料

{编织线}

奥林巴斯 Emmygrande：奶油色…2g，深红色…少许，

Emmygrande<Herbs>：茶色…1g

{其他材料} HAMANAKA：固眼 3mm…3 颗，填充棉…少许，粘合剂…适量

{针} 蕾丝针 0 号，钩针 2/0 号

{成品尺寸} 参照图

蘑菇伞的外侧

茶色

蘑菇伞的内侧、茎

浅米褐色

钩织方法、拼接方法参照作品 56

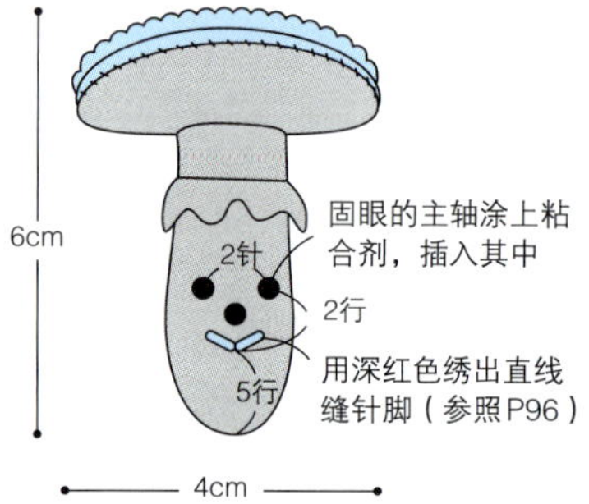

准备材料

{编织线}

奥林巴斯 Emmygrande：奶油色…2g，

Emmygrande<Herbs>：红色…2g

{其他材料} HAMANAKA：固眼 3mm…3 颗，填充棉…少许，粘合剂…适量

{针} 蕾丝针 0 号，钩针 2/0 号

{成品尺寸} 参照图

蘑菇伞的外侧

红色

蘑菇伞的内侧、茎

浅米褐色

钩织方法、拼接方法参照作品 56

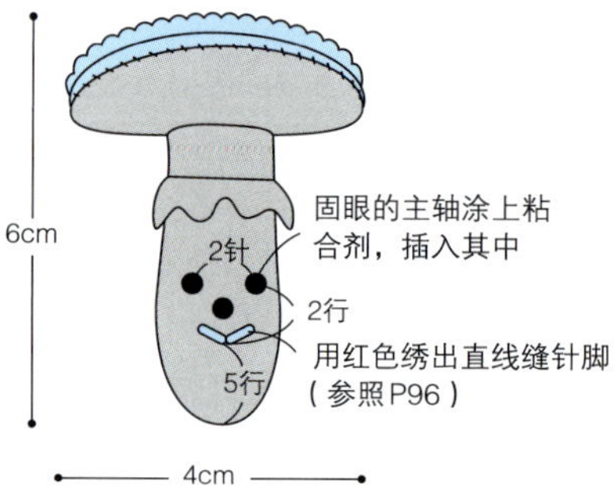

59、60 图片 P37

准备材料

{编织线}
作品59 奥林巴斯 Emmygrande<Herbs>：橙色…2g，绿色…少许，
Emmygrande：红色…1g
作品60 奥林巴斯 Emmygrande：红色、粉色…少许，
Emmygrande<Herbs>：绿色…少许
{其他材料} 作品59、60共通
HAMANAKA：固眼3mm…3颗，填充棉…少许，粘合剂…适量
{针} 作品59、60共通 钩针2/0号
{成品尺寸} 参照图

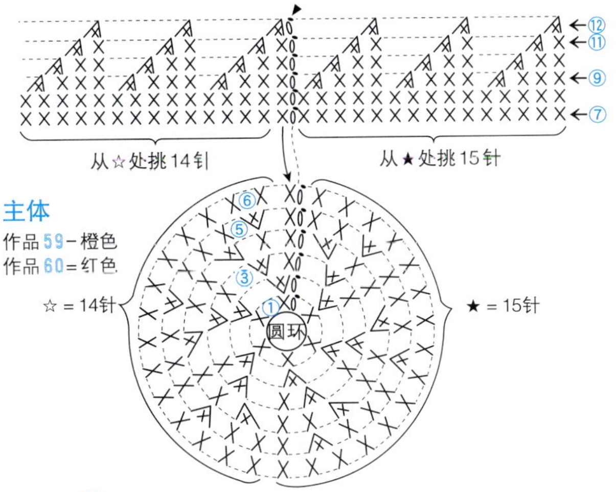

蒂
作品59、60 绿色

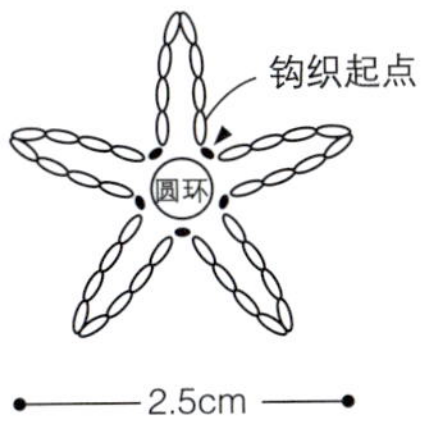

嘴巴
作品59＝红色
作品60＝粉色

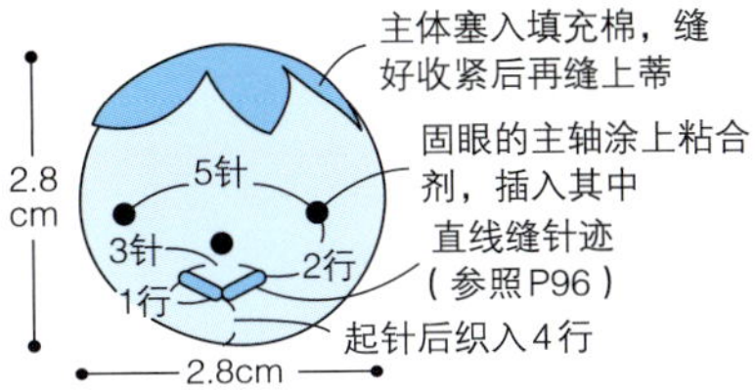

61 图片 P36

准备材料

{编织线}
奥林巴斯 Emmygrande：紫色…2g，藏蓝色…1g，深红色…少许
{其他材料}
HAMANAKA：固眼3mm…3颗，填充棉…少许，粘合剂…适量
{针} 钩针2/0号
{成品尺寸} 参照图

主体 紫色

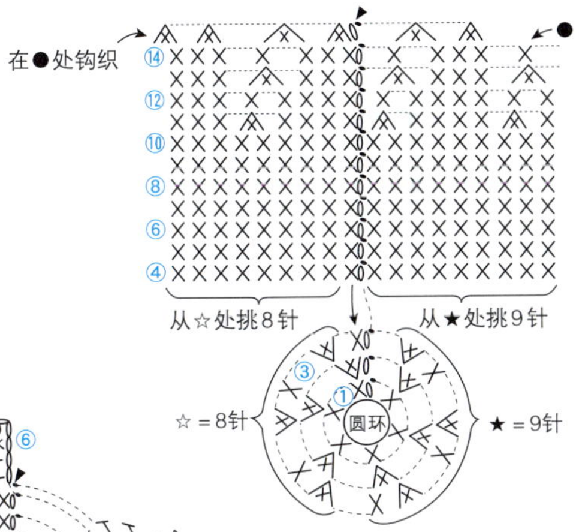

蒂
藏蓝色

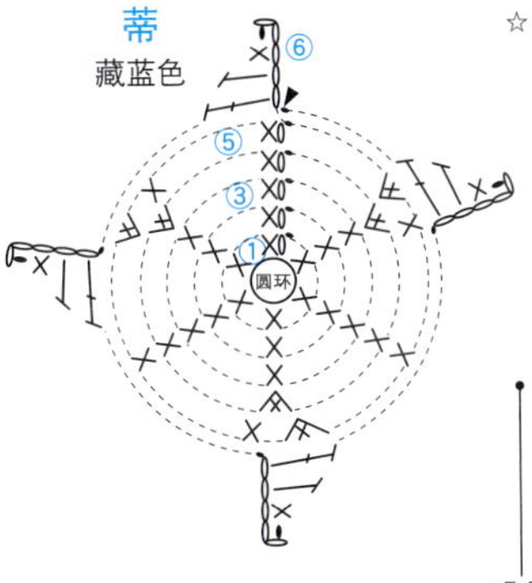

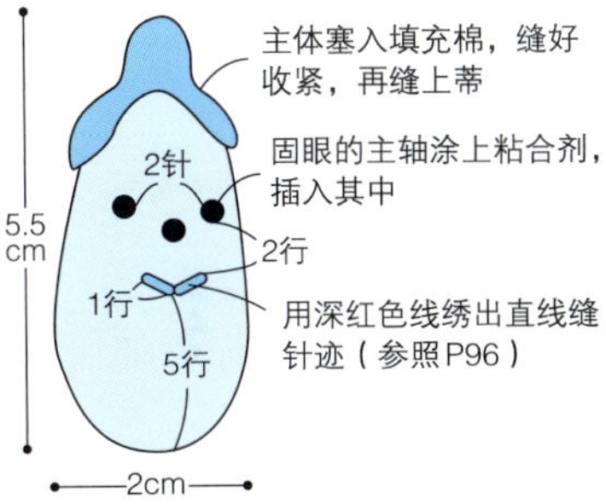

114 图片 P65

准备材料

{编织线} Daruma手工编织线 小卷 Café Demi：
灰色…2g，茶色、白色…各1g
{其他材料} TOHO：圆形扣5mm（银色）…1个，
HAMANAKA：固眼4mm…2颗，玩偶鼻子…1个，填充棉、蕾丝线…少许，粘合剂…适量
{针} 钩针3/0号
{成品尺寸} 参照图

主体 灰色
耳朵 茶色 2块 } 钩织方法参照作品111（P67）
鼻子周围 白色 钩织方法参照作品111（P67）

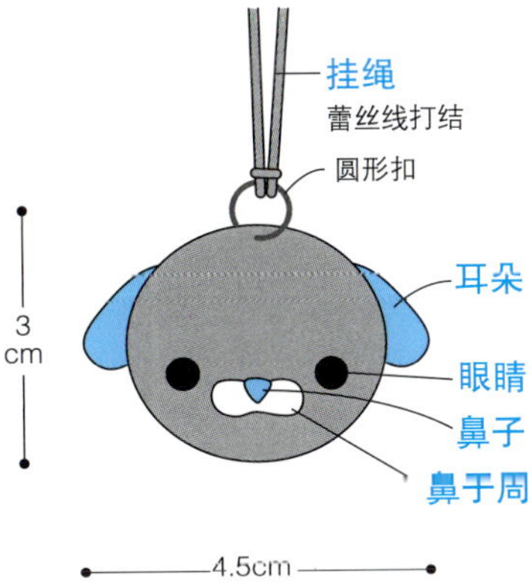

本书用线的介绍
（图片实物大）

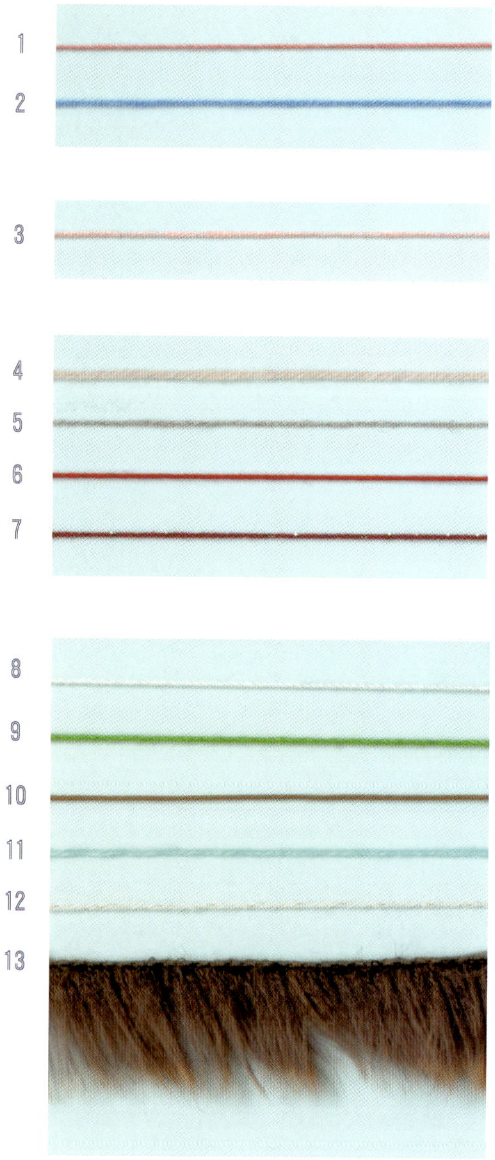

奥林巴斯制线株式会社

1.Emmygrande

棉100%，蕾丝针0号~钩针2/0号

每卷50g，约218m，47色

每卷100g，约436m，3色

・Emmygrande<Herbs>

棉100%，每卷20g，约88m，18色，蕾丝针0号~钩针2/0号

・Emmygrande<Colors>

棉100%，每卷10g，约44m，26色，蕾丝针0号~钩针2/0号

・Emmygrande<Bijou>

棉100%，每卷25g，约110m，10色，蕾丝针0号~钩针2/0号

2.25号刺绣线

・单色

棉100%，1束8m，420色

・渐变色

棉100%，1束8m，14色

DMC株式会社

3.25号刺绣线

棉100%，1束8m，481色

・Color Variation线

棉100%，1束8m，60色

HAMANAKA株式会社

4.Korpokkur

羊毛40%、腈纶30%、尼龙30%，每卷25g，约92m，20色，钩针3/0号

5.Flux C

麻（亚麻）82%、棉18%，每卷25g，约104m，17色，钩针3/0号

6.Aprico

棉（超长棉）100%，每卷30g，约120m，27色，钩针3/0~4/0号

7.Aprico<Lame>

棉（超长棉）100%，每卷30g，约115m，15色，钩针3/0~4/0号

横田株式会社・Daruma线

8.Supima Crochet

棉（比马棉）100%，每卷25g，约116m，37色，钩针2/0~3/0号

9.Supima Crochet Soft

棉（比马棉）100%，每卷25g，约64m，25色，钩针3/0~4/0号

10.Wax Cord

棉100%，每卷6m，7色，钩针3/0~4/0号

11.小卷 Café Demi

腈纶70%、羊毛30%，每卷5g，约19m，30色，钩针2/0~3/0号

12.小卷 Café Demi Lame

羊毛98%、涤纶2%，每卷5g，约17m，6色，钩针2/0~4/0号

13.Fake Fur

腈纶95%、涤纶5%，15m，5色，钩针8mm~10mm

*1~13从左往右均为：
品质、规格、线长、色数、适合针。

*颜色数为2016年1月的统计。

*因印刷物的关系多少存在色差。

48 ✿ 图片 P29 重点教程 P6

准备材料

{编织线}

奥林巴斯 Emmygrande<Herbs>：红色…6g，粉色…3g，Emmygrande<Colors>：绿色…少许，Emmygrande：米褐色…1g

{其他材料} 填充棉…少许

{针} 钩针2/0号

{成品尺寸} 参照图

主体 a=粉色 b=米褐色 c=红色

※ 钩织第1行时，分别将起针的上半针与里山挑起后钩织。

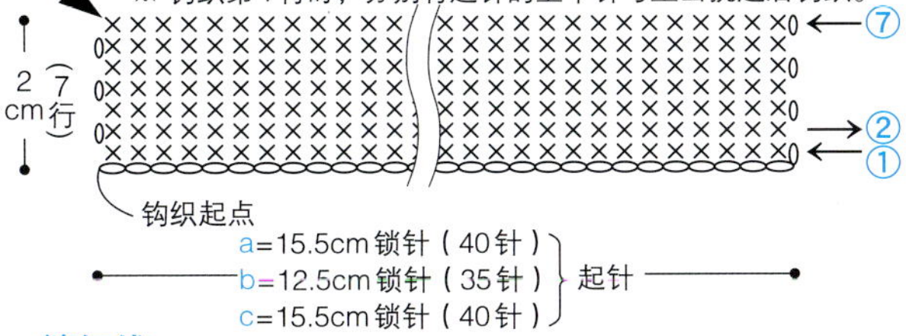

缝纫线

b与c缝合时=粉色

a与b缝合时=米褐色

樱桃 红色

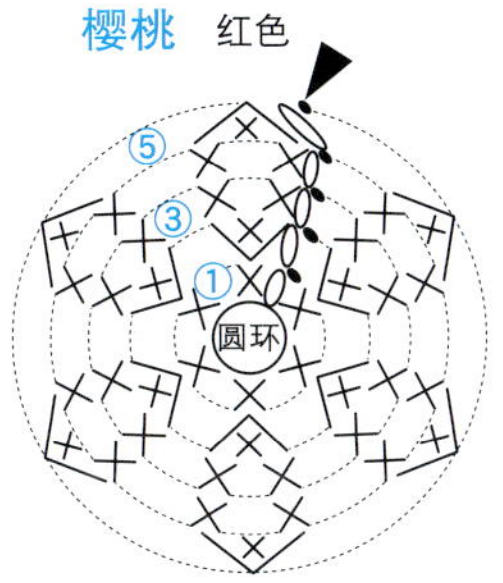

樱桃的拼接方法

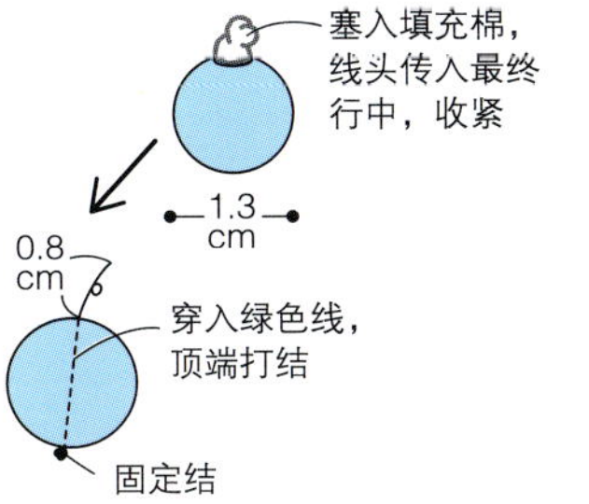

叶子 绿色

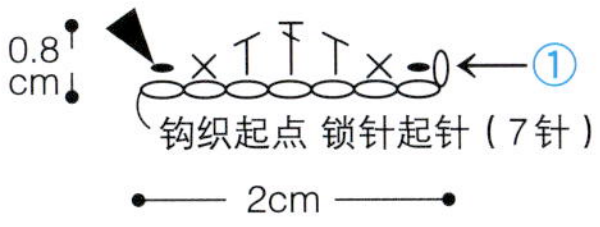

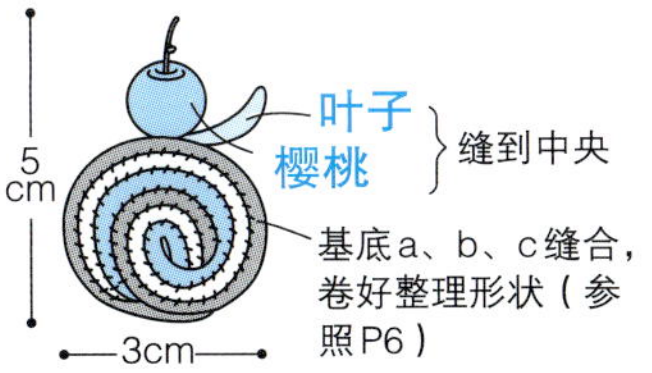

49 ✿ 图片 P29 重点教程 P6

准备材料

{编织线}

奥林巴斯 Emmygrande<Herbs>：浅粉色…6g，浅黄色…3g，米褐色…少许

Emmygrande<Colors>：黄绿色…少许，

Emmygrande：本白色…1g，深紫色…少许

{针} 钩针2/0号

{成品尺寸} 参照图

缝纫线

b与c缝合时=浅黄色

a与b缝合时=本白色

主体

a=浅黄色
b=本白色
c=浅粉色

钩织方法参照作品48

蓝莓

深紫色 2个

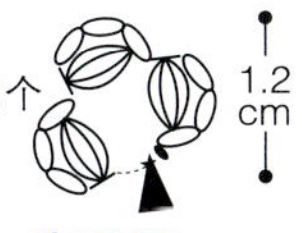

奇异果

—— =本白色

—— =米褐色

—— =黄绿色

※参照P6。

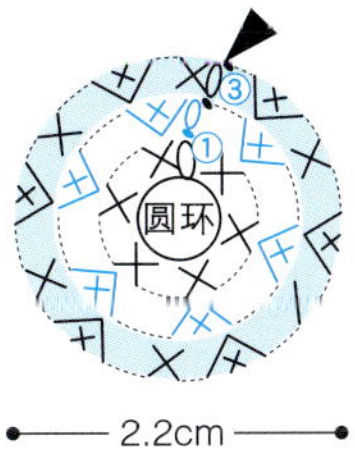

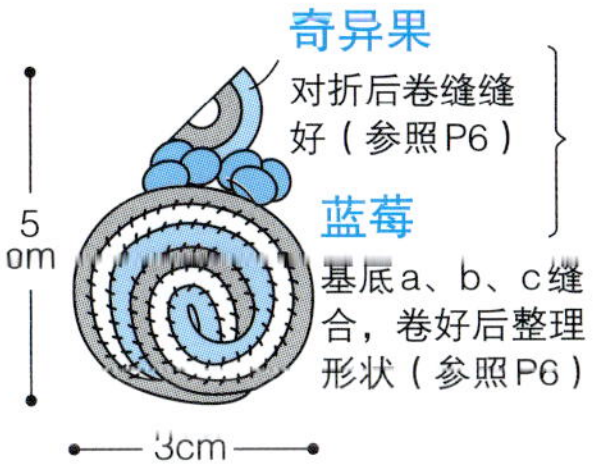

50 ✿ 图片 P29

准备材料

{编织线}

奥林巴斯 Emmygrande：深米褐色、粉色、白色…各2g，

Emmygrande<Herbs>：橙色…2g，红色…少许，Emmygrande<Colors>：绿色…少许

{其他材料}

厚纸（直径2.5cm）…1张，填充棉…少许，双面胶…适量

{针} 钩针2/0号

{成品尺寸} 参照图

主体 —— =橙色 —— =粉色

樱桃 红色

钩织方法参照作品48

生奶油 白色

钩织方法参照作品47（P31）的蓝莓酱

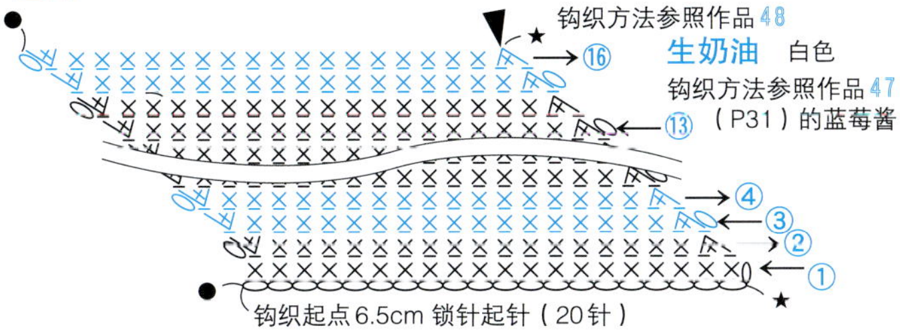

纸杯 深米褐色

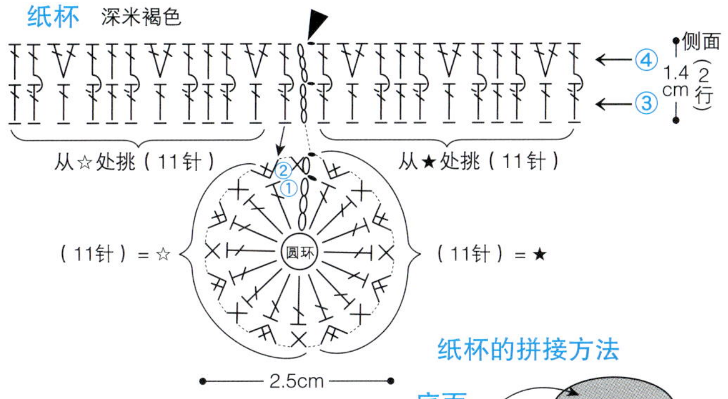

纸杯的拼接方法

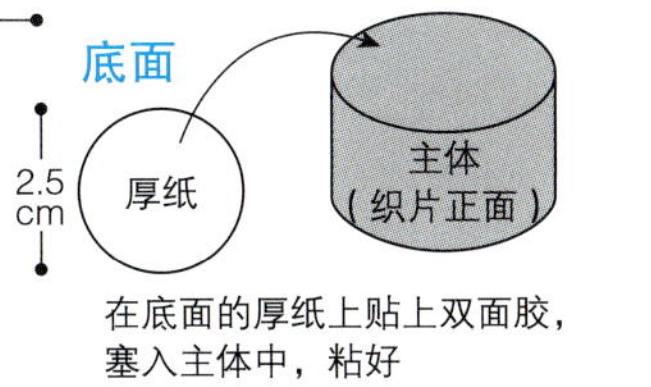

主体的拼接方法

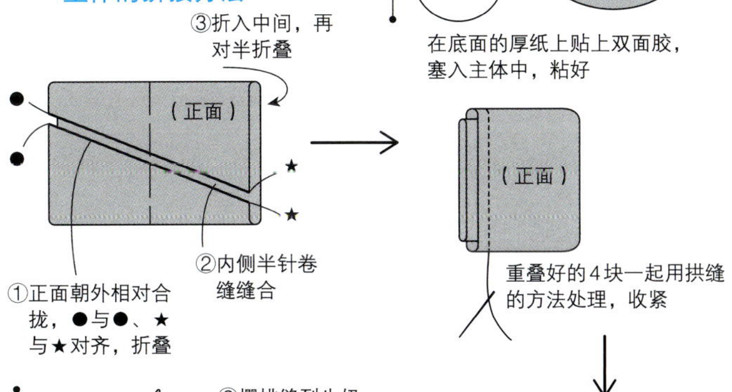

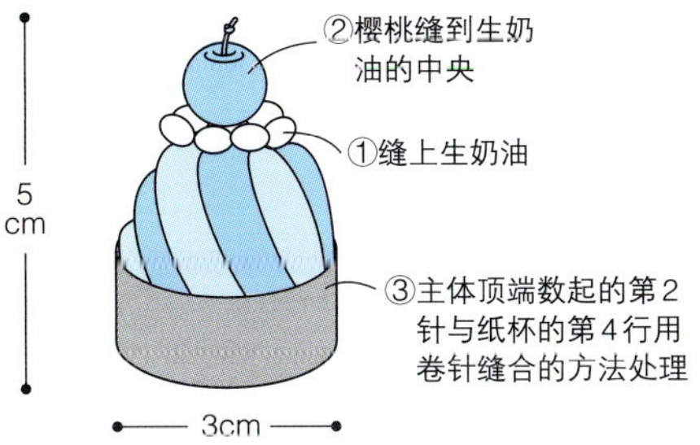

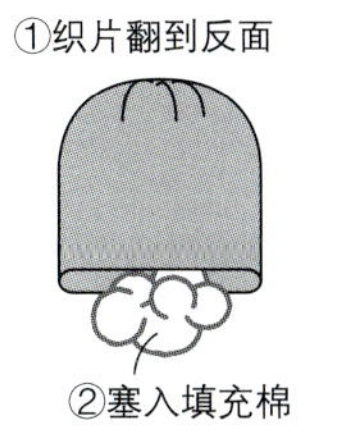

准备材料

{编织线} DMC 25号刺绣线：
作品118 深绿色…3束，红色、浅绿色、松石蓝、本白色…各0.5束
作品119 本白色…3束，黄色、紫色、粉色…各0.5束
作品120 红色…3束，浅绿色、本白色…各0.5束
作品121 松石蓝…3束，粉色、橙色…各0.5束
{其他材料} 作品118~121共通 填充棉…适量
{针} 蕾丝针0号
{成品尺寸} 参照图

作品118~121共通 主体 各2块

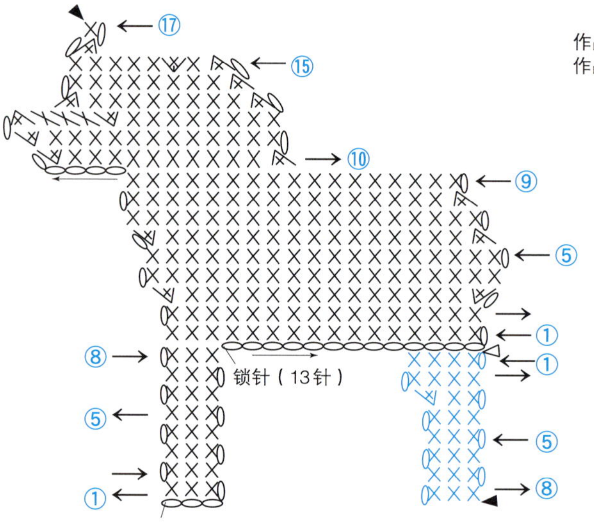

※从钩织起点处钩织前腿、躯干、头部，共17行。然后在后腿部分接线，参照图钩织。

※主体的2块织片合拢，四周用卷针缝合的方法处理。中途塞入填充棉后继续缝合。

作品118、119 配饰 各1块

作品118…红色
作品119…粉色

主体的配色表

118	119	120	121
深绿色	本白色	红色	松石蓝

作品118 马鞍 1块

——…深绿色
——…松石蓝
——…本白色

※圆形花样钩织至第2行，钩织两块后在接点处缝好，然后在周围钩织第3行。

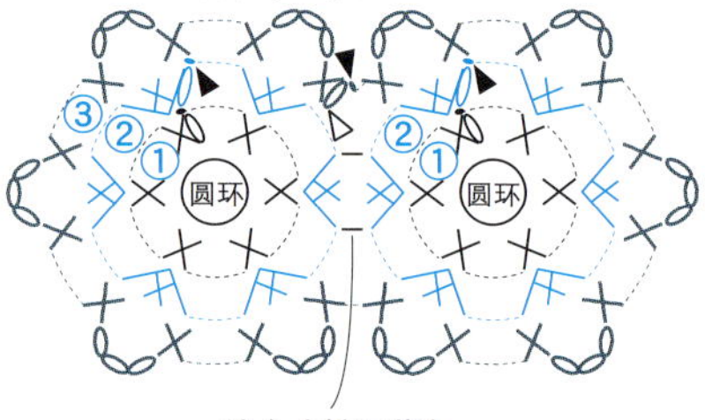

作品119 花朵 1块

——…紫色
——…黄色

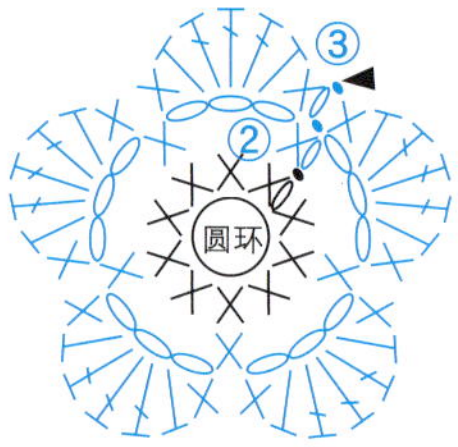

作品120 配饰 2块

——…本白色
——…浅绿色

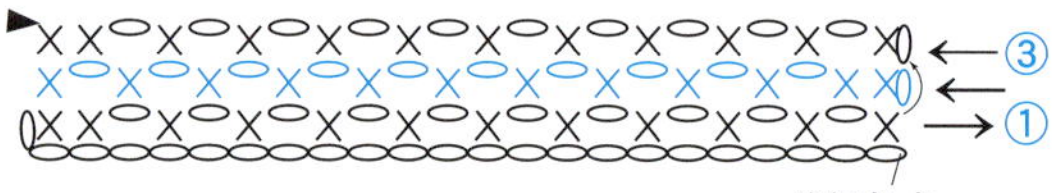

作品121 配饰 2块

——…粉色
——…橙色

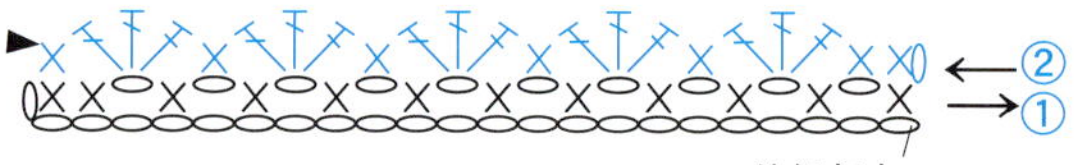

拼接方法

作品118

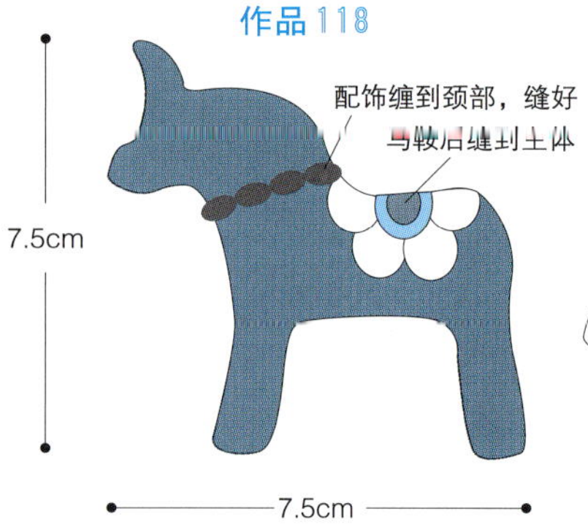

作品119

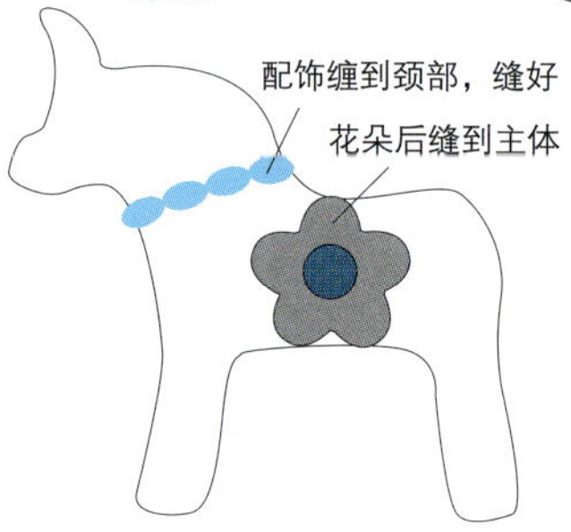

作品120

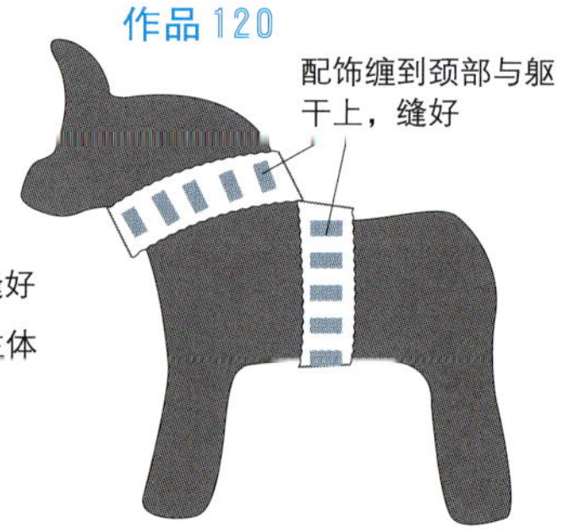

作品121

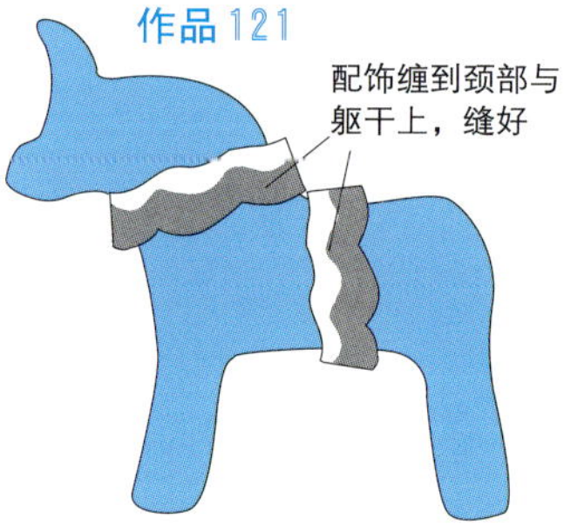

准备材料

{编织线} DMC 25号刺绣线：
作品141 粉色段染线…1.5束，驼色、本白色…各0.5束
作品142 灰绿色…1.5束，米褐色、粉色…各0.5束
作品143 墨绿色…1.5束，驼色…各0.5束
作品144 橄榄绿色…1.5束，驼色、红色、深黄色…各0.5束
作品145 绿色（翠绿色、嫩绿色、深橄榄绿、深绿色）、茶色…各0.5束
作品146 红色…1.5束，黄色、深绿色、本白色…各0.5束
{其他材料}
作品142 圆形小串珠（黄色）…2颗
作品143 星形亮片（金色）…10片
填充棉…适量
{针} 作品141~146共通 钩针2/0号
{成品尺寸} 参照图

叶子 各1块
（钩织方法参照P84）

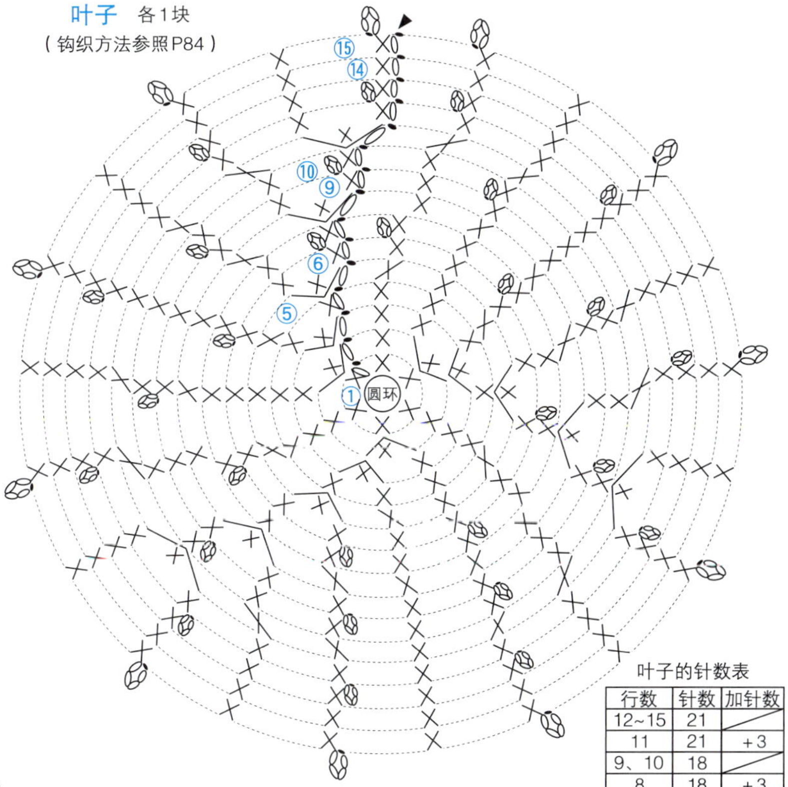

叶子的针数表

行数	针数	加针数
12~15	21	
11	21	+3
9、10	18	
8	18	+3
6、7	15	
5	15	+3
4	12	
3	12	+3
2	9	+3
1	6	

作品141~146 配色表

	141	142	143	144	145	146
叶子	粉色段染线	灰绿色	墨绿色	橄榄绿色	※	红色
树干	驼色	米褐色	驼色	驼色	茶色	深绿色

作品142 花朵 2块
粉色

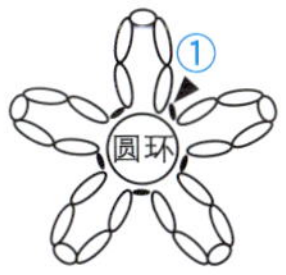

作品144 果实 3颗
红色

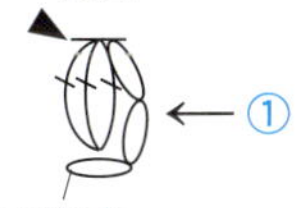

作品144、146 星星 各1块
作品144…深黄色
作品146…黄色

树干 各1根

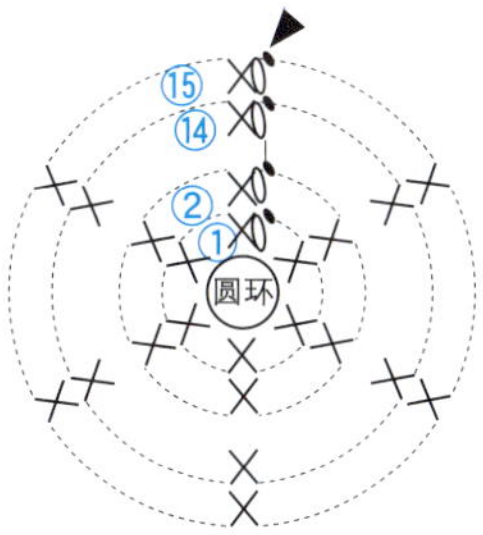

树干的配色表

行数	
14、15	嫩绿色
11~13	翠绿色
8~10	深绿色
1~7	深橄榄绿

树干的针数表

行数	针数
1~15	6

树冠的拼接方法

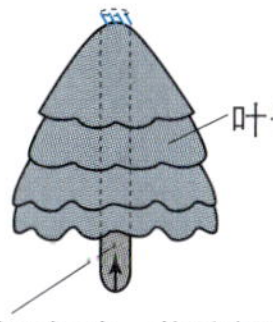

树干部分，将钩织终点缝到叶子内侧钩织起点的位置

拼接方法

作品141

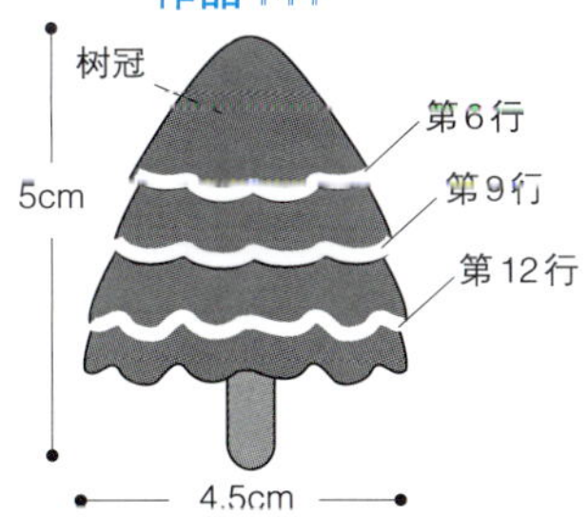

※用本白色在第6行、9行、12行的小链针处分别钩织拼接1行花边（参照下图）。

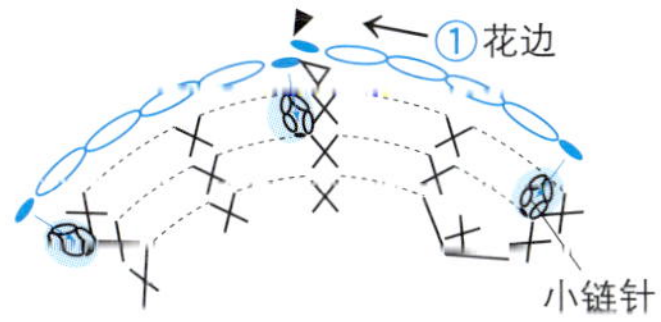

作品143

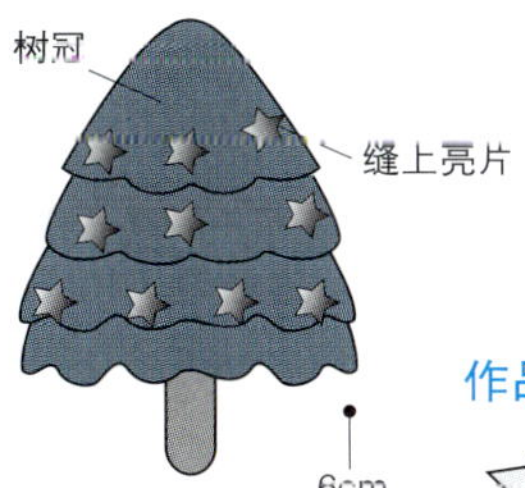

作品145

作品142

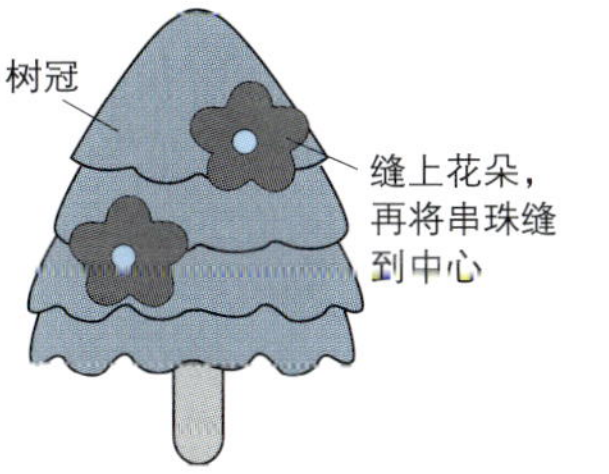

作品144

配饰 本白色
钩织（60针）锁针，缠上缝好

作品146

基础课程 ✿ 钩针钩织的基础

记号图的看法

根据日本工业规格（JIS），所有的记号表示的都是编织物表面的状况。钩针编织没有正面和反面的区别（拉针除外）。交替看正反面进行平针编织时也用相同的记号表示。

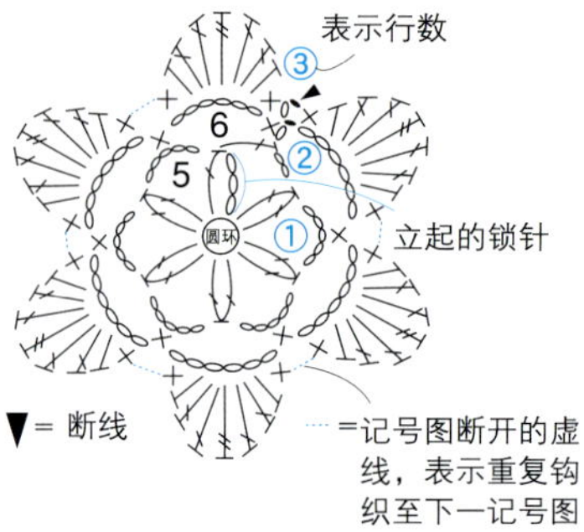

从中心开始钩织圆环时

在中心编织圆圈（或是锁针圆环），像画圆一样逐行钩织。在每行的起针处都进行立起钩织。通常情况下都面对编织物的正面，从右到左看记号图进行钩织。

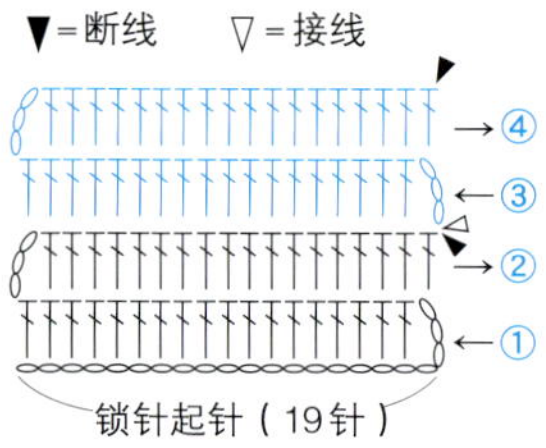

平针钩织时

特点是左右两边都有立起的锁针，当右侧出现立起的锁针时，看着织片的正面，从右往左参照记号图进行钩织。当左侧出现立起的锁针时，看着织片的反面，从左往右参照记号图进行钩织。图中所示的是在第3行更换配色线的记号图。

锁针的看法

锁针有正反之分。反面中央的一根线成为锁针的"里山"。

线和针的拿法

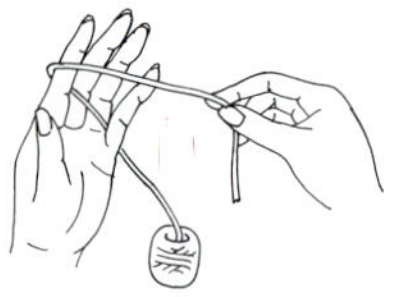

1 将线从左手的小指和无名指间穿过，绕过食指，线头拉到内侧。

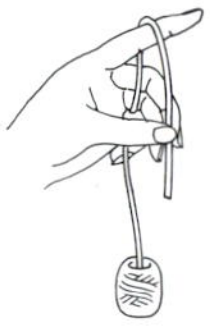

2 用大拇指和中指捏住线头，食指挑起，拉紧线。

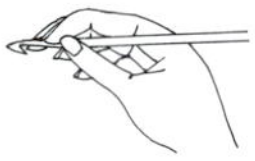

3 用大拇指和食指握住针，中指轻放到针头。

最初起针的方法

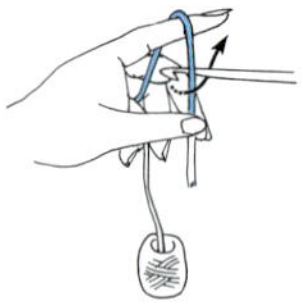

1 针从线的外侧插入，调转针头。

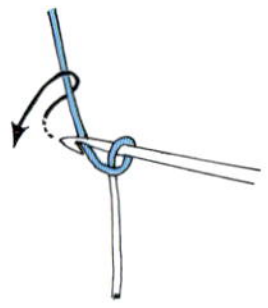

2 然后再在针尖挂线。

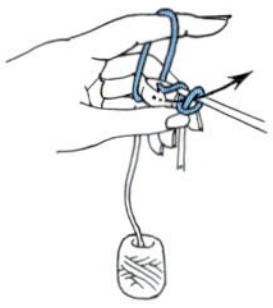

3 钩针从圆环中穿过，再在内侧引拔穿出线。

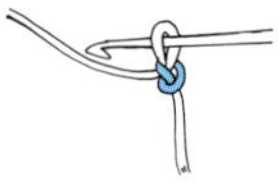

4 拉动线头，收紧针脚，最初的起针完成（这针不计入针数）。

起针

从中心开始钩织圆环时（用线头制作圆环）

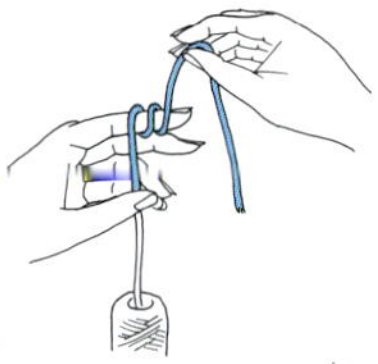

1 将线在左手食指上绕两圈，使之成环状。

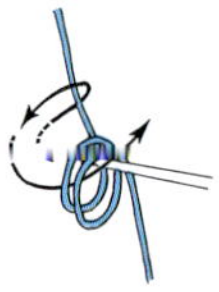

2 从手指上脱下已缠好的线圈，将针穿过线圈，把线钩到前面。

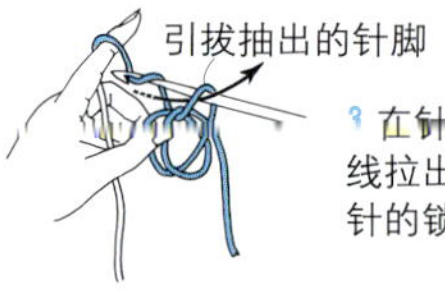

3 在针上挂线，将线拉出，钩织起立针的锁针。

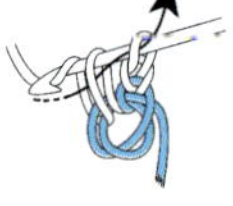

4 钩织第1行，在线圈中心入针，织出需要的针数。

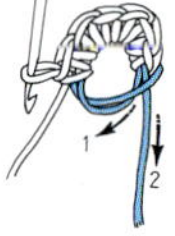

5 抽出钩针，将最开始的线圈的线和线头抽出，收紧线圈。

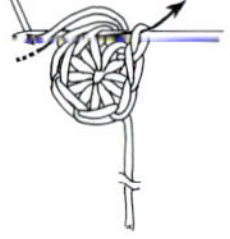

6 在第1行结束时，在最开始的短针开头入针，将线拉出。

平针钩织时

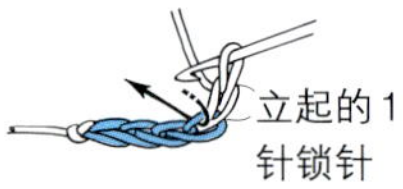

1 编织必要针数的锁针和起针的锁针，从第2针的锁针位置入针。

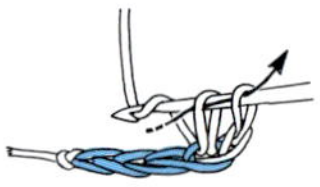

2 针上挂线，将线拉出。

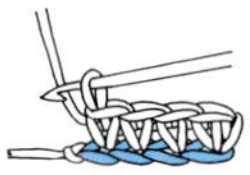

3 第1行编织完成（立起的1针不计入针数）。

将上一行针脚挑起的方法

即便是同样的枣形针，根据不同的记号图，挑针的方法也不相同。记号图的下方封闭时表示在上一行的同一针中钩织，记号图的下方开合时表示将上一行的锁针成束挑起钩织。

在同一针脚中钩织

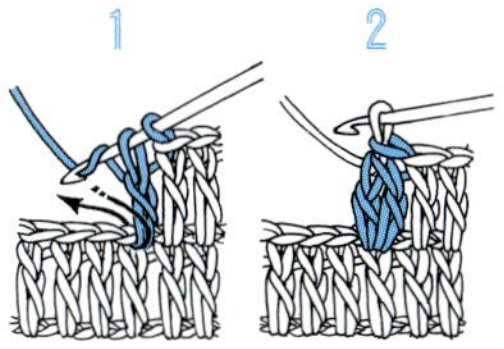

将锁针成束挑起后钩织

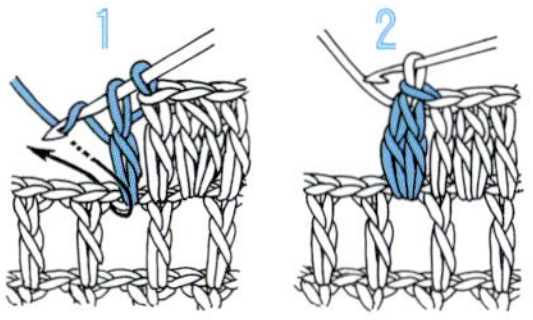

✦ 针法符号

锁针

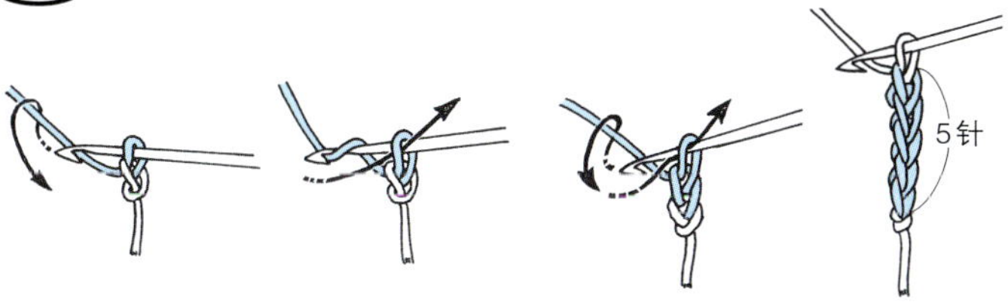

1 钩织起针，按箭头方向移动钩针。
2 针上挂线拉出线圈。
3 重复相同动作。
4 5针锁针完成。

引拔针

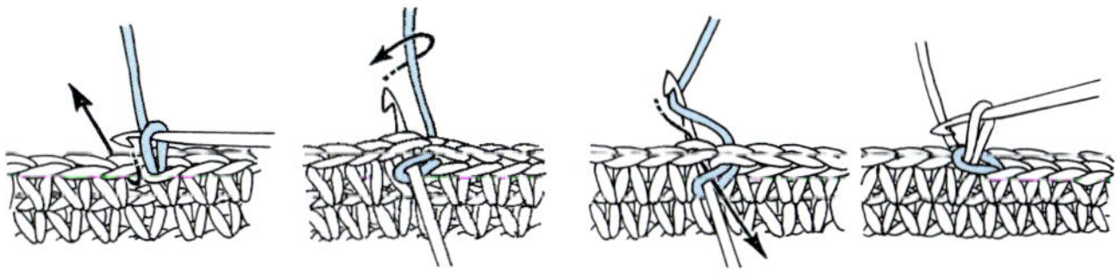

1 在前一行插入钩针。
2 针上挂线。
3 一次性引拔抽出线。
4 1针引拔针完成。

短针

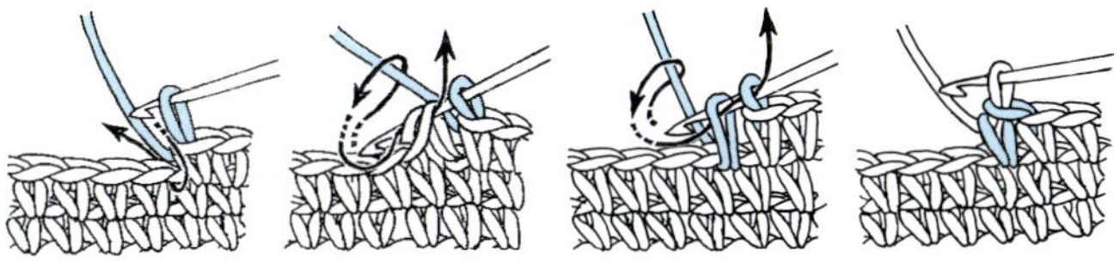

1 在前一行插入钩针。
2 针上挂线，将线拉到前面。
3 针上挂线，一次性引拔穿过2个线圈。
4 完成。

中长针

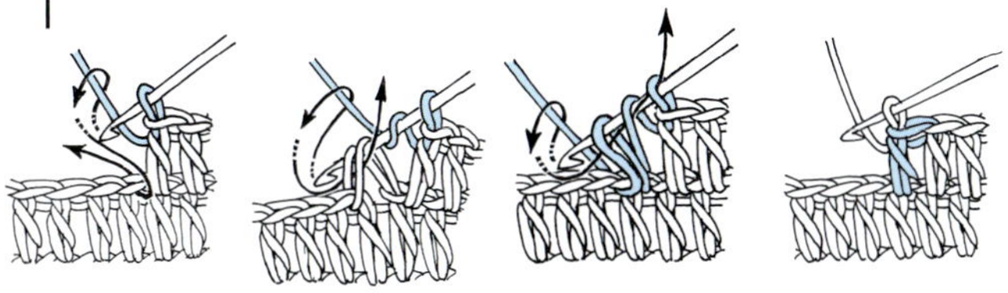

1 针上挂线后，把针插入前一行。
2 再次针上挂线，把线圈抽出。
3 针上挂线，一次性引拔穿过3个线圈。
4 1针中长针完成。

长针

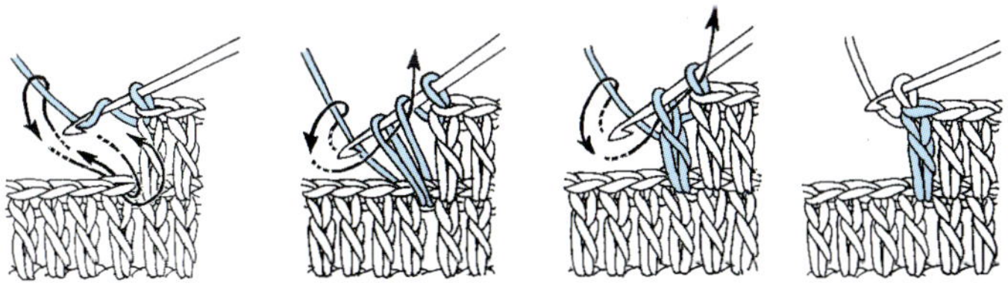

1 针上挂线后把针插入前一行，再在针上挂线，把线圈抽出。
2 按箭头所指方向，针上挂线后引拔穿过2个线圈。
3 再次针上挂线，引拔穿过剩下的2个线圈。
4 完成1针长针。

长长针

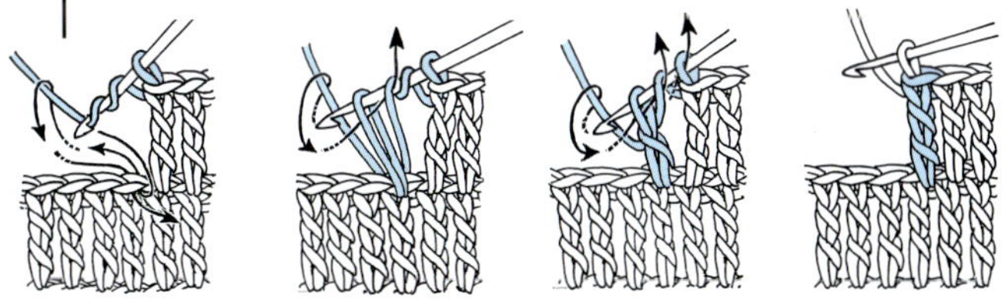

1 将线在钩针上绕2圈，把针插进上一行的针目中，再在针尖挂线，从内侧引拔穿过线圈。
2 针上挂线，按照箭头指示的方向引拔穿过2个线圈。
3 再按上述步骤重复2次。
4 长长针完成。

短针2针并1针

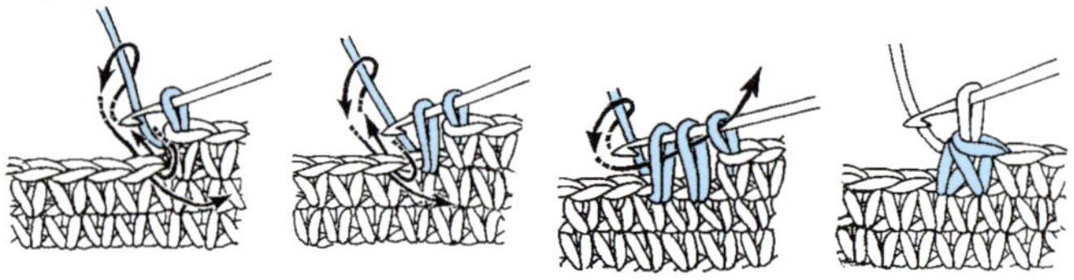

1 按照箭头所示，将钩针插入上一行的1个针目中，引拔穿过线圈。

2 下一针也按同样的方法引拔穿过线圈。

3 针尖挂线，引拔穿过3个线圈。

4 短针2针并1针完成。比上一行少1针。

短针1针分2针

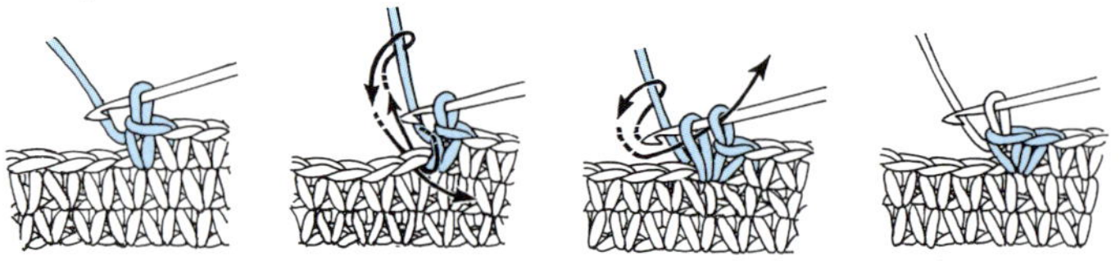

1 钩织1针短针。

2 钩针插入同一针目中，从内侧引拔抽出线圈。

3 针尖挂线，一次性引拔穿过2个线圈。

4 在上一行的1个针目中织入2针短针，比上一行多1针。

短针1针分3针

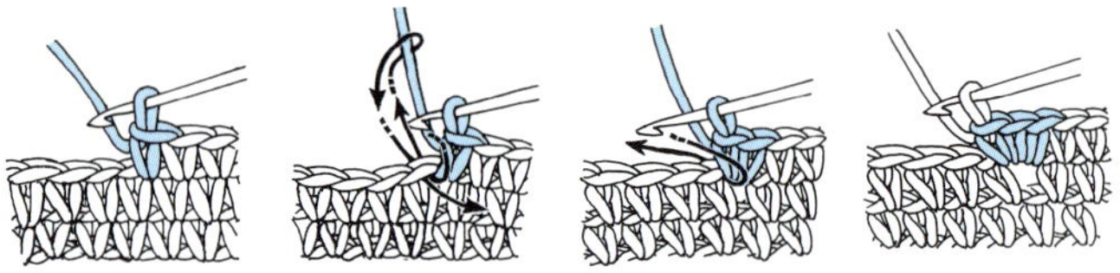

1 钩织1针短针。

2 在同一针目中再钩织1针短针。

3 在1个针目中织入2针短针后如图。接着在同一针目中再织入1针短针。

4 1个针目中织入了3针短针后如图。与上一行相比多了2针。

锁针3针的引拔小链针

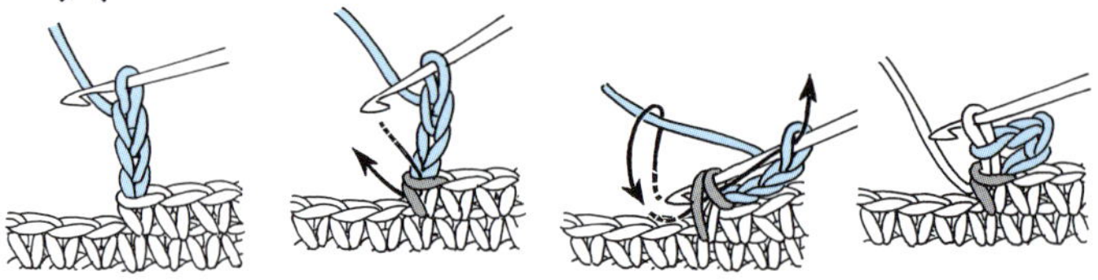

1 钩织3针锁针。

2 钩针插入锁针的头半针和尾针一根线中。

3 针尖挂线，一次性引拔穿过3个线圈。

4 完成引拔小链针。

短针的棱针

※ 每行均需变换织片的方向，钩织短针的棱针。

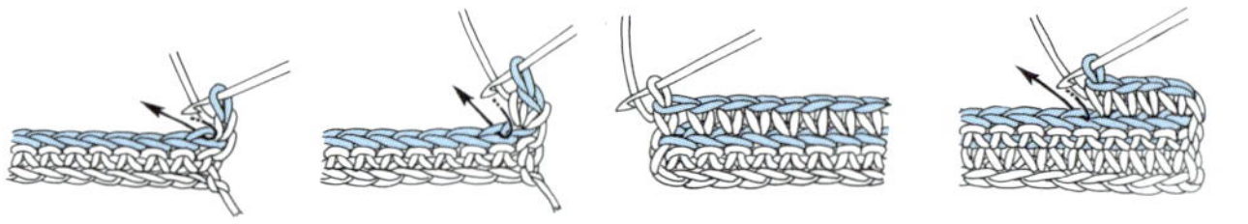

1 看着每行的正面钩织。钩织一圈短针后在最初的针目中引拔钩织。

2 钩织1针立起的锁针，然后将上一行外侧的半针挑起，织入短针。

3 按照步骤2的要领重复，继续钩织短针。

4 上一行的内侧半针留出条纹状的针目。钩织完第3行短针的条针后如图。

短针的条针

※ 每行均是朝同一方向钩织，织入短针的条针。

※ 除短针以外的条针，也是按照相同的要领，将上一行外侧的半针挑起后依照指定的记号钩织。

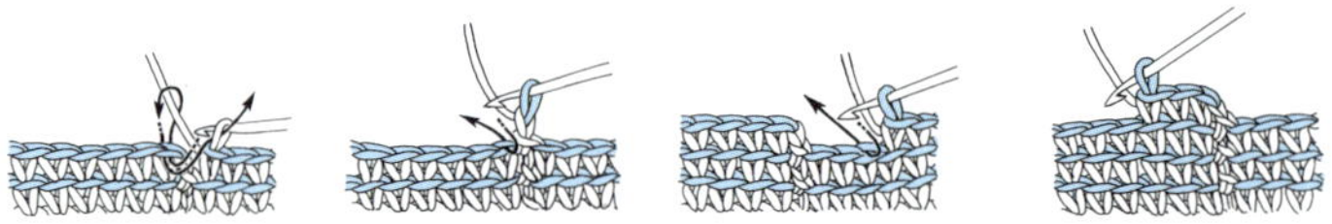

1 按照箭头所示，钩针插入上一行针目外侧的半针中。

2 钩织短针，下面的针目也按同样的方法将钩针插入外侧的半针中。

3 钩织至顶端后，变换织片的方向。

4 按照步骤1、2的方法，将钩针插入外侧的半针中，织入短针。

长针2针并1针

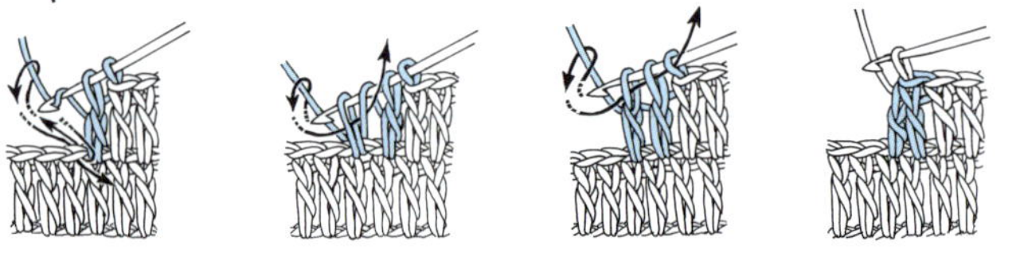

1 在上一行的针目中钩织1针未完成的长针，然后按照箭头所示，将钩针插入下一针目中，再引拔抽出线。

2 针尖挂线，引拔穿过2个线圈，钩织出第2针未完成的长针。

3 再次在针尖挂线，一次性引拔穿过3个线圈。

4 长针2针并1针完成，比上一行少1针。

长针1针分2针

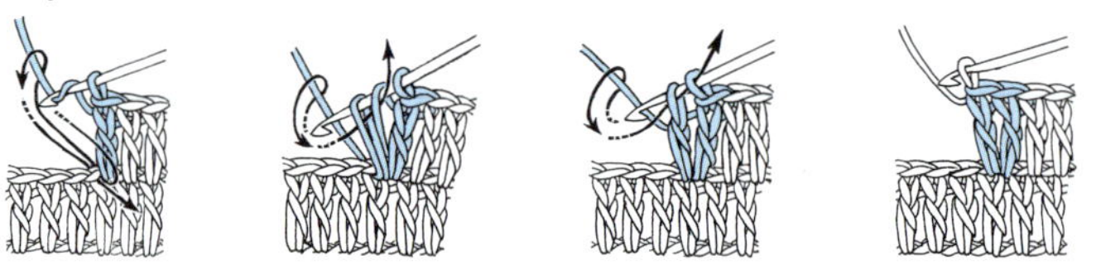

1 钩织完1针长针后，在同一针目中再钩织1针长针。

2 针尖挂线，引拔穿过2个线圈。

3 再在针尖挂线，引拔穿过剩下的2个线圈。

4 1个针目中织入了2针长针，比上一行多1针。

长针的正拉针

※除长针以外的正拉针，均是按照同样的要领，沿步骤1的箭头插入钩针，依照指定的记号钩织。

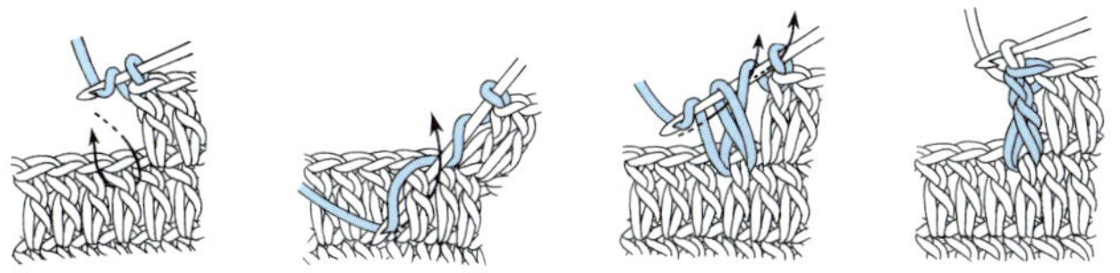

1 针尖挂线，按照箭头所示从反面将钩针插入上一行长针的尾针中。

2 针尖挂线，引拔抽出，引拔穿过2个线圈。

3 再次在针尖挂线，编织长针。

4 长针的正拉针完成。

长针的反拉针

※除长针以外的反拉针，均是按照同样的要领，沿步骤1的箭头插入钩针，依照指定的记号钩织。

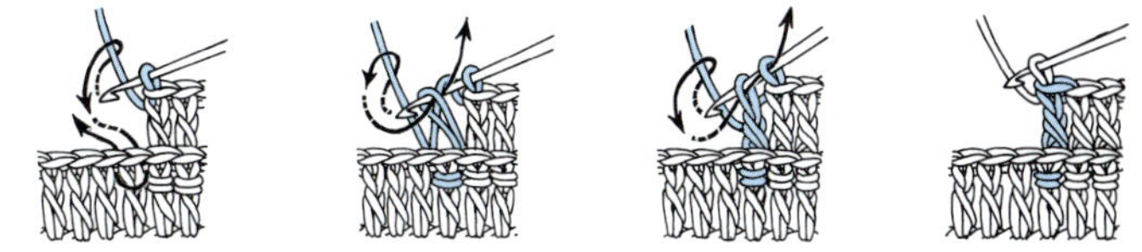

1 针尖挂线，按照箭头所示从反面将钩针插入上一行长针的尾针中。

2 针尖挂线，引拔抽出，引拔穿过2个线圈。

3 再次在针尖挂线，编织长针。

4 长针的反拉针完成。

长针3针的枣形针

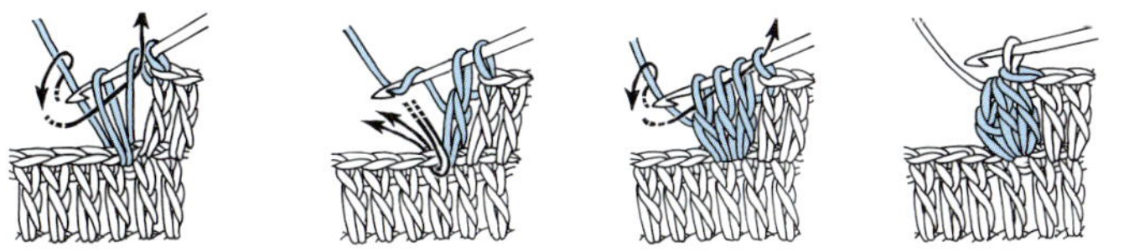

1 在上一行的针目中，钩织1针未完成的长针（参照P93）。

2 在同一针目中插入钩针，再织入2针未完成的长针。

3 针尖挂线，一次性引拔穿过4个线圈。

4 完成长针3针的枣形针。

中长针3针的变化枣形针

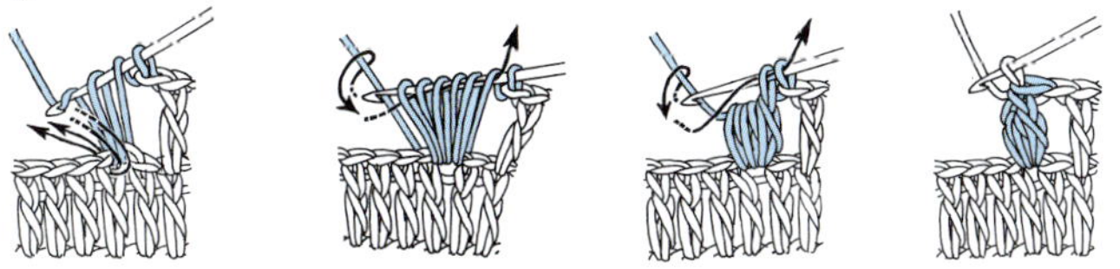

1 钩针插入上一行的针脚中，织入未完成的3针中长针（参照P93）。

2 针上挂线，按照箭头所示，引拔钩织6个线圈。

3 再在针尖挂线，一次性引拔穿过剩余的2个线圈。

4 完成中长针3针的变化枣形针。

条纹花样的钩织方法
（环形钩织时，在行间最后换线的方法）

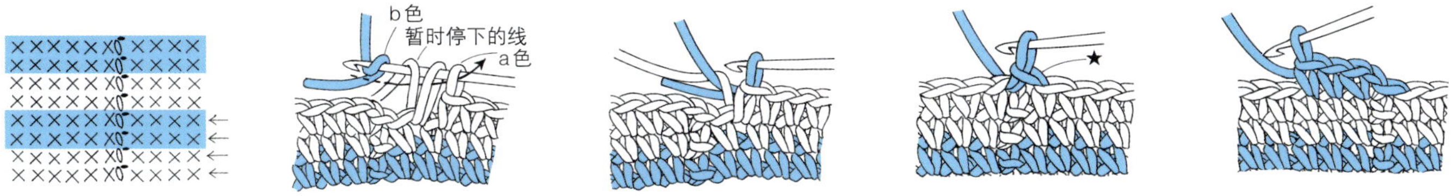

1 钩织完成行间最后的短针时，由内向外将暂时停下的线（a色）挂到钩针上，然后在下一行用换入的编织线（b色）引拔钩织。

2 引拔钩织完成后如图。a色置于反面，暂时停下。接着将钩针插入第1针短针的头针中，用b色进行引拔钩织，形成圆圈。

3 形成圆圈后如图。

4 接着再钩织1针立起的锁针，织入短针。

条纹花样的钩织方法
（横向渡线，包住编织线钩织的方法）

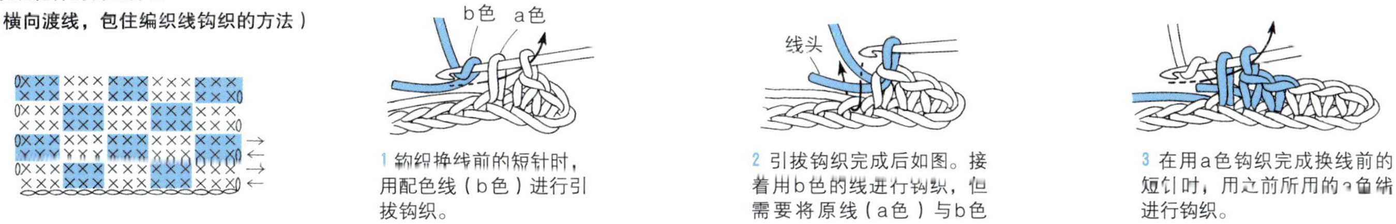

1 钩织换线前的短针时，用配色线（b色）进行引拔钩织。

2 引拔钩织完成后如图。接着用b色的线进行钩织，但需要将原线（a色）与b色的线头包住后再进行钩织。包住线头再进行钩织，即可以省去处理线头的步骤。

3 在用a色钩织完成换线前的短针时，用之前所用的a色线进行钩织。

拧扭的短针

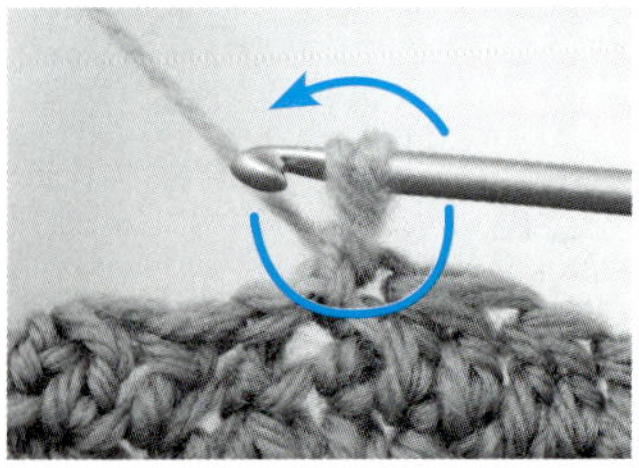

1 钩织1针立起的锁针，然后“将钩针插入上一行的针脚中，针上挂线后拉长编织线，引拔抽出后按照箭头所示转动针头”。

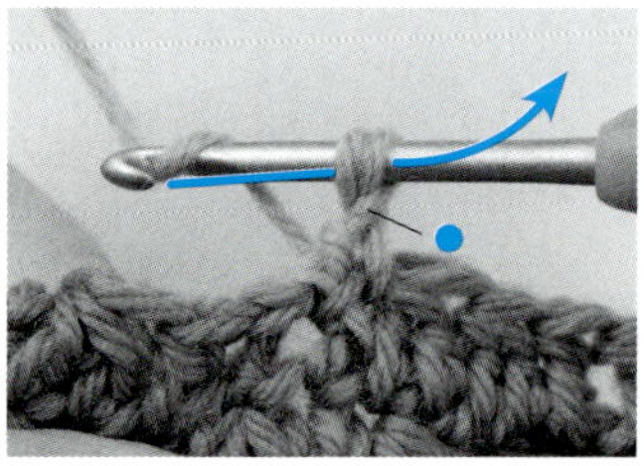

2 针上挂线，按照箭头所示一次性引拔抽出。※经过步骤1转动针头后，●部分呈拧扭状

3 钩织完1针拧扭的短针后如图。再用同样的方法重复步骤1中所示的动作与步骤2。

4 钩织完6针拧扭的短针后如图。

✦ 刺绣的基础

直线缝针迹

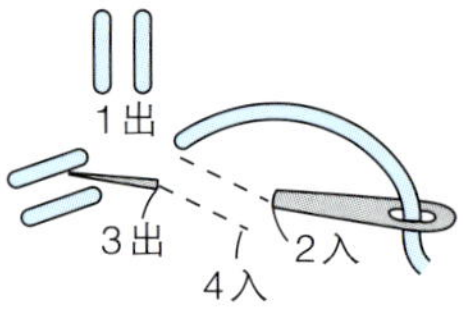

回针缝针迹

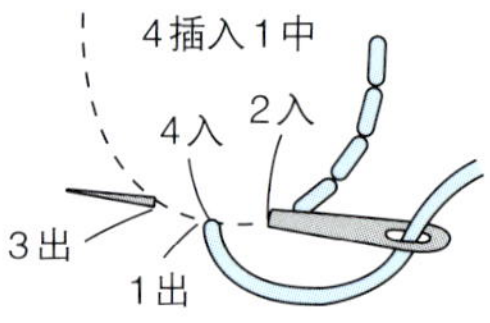

法式结粒绣针迹

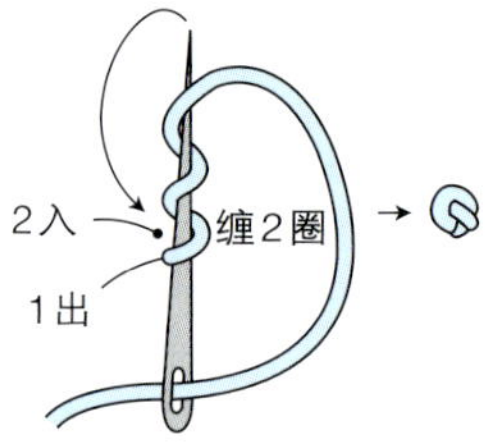

缎纹刺绣针迹

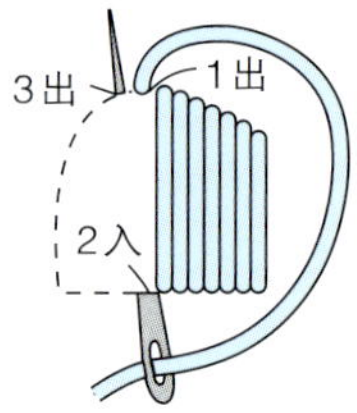

平式花瓣绣针迹

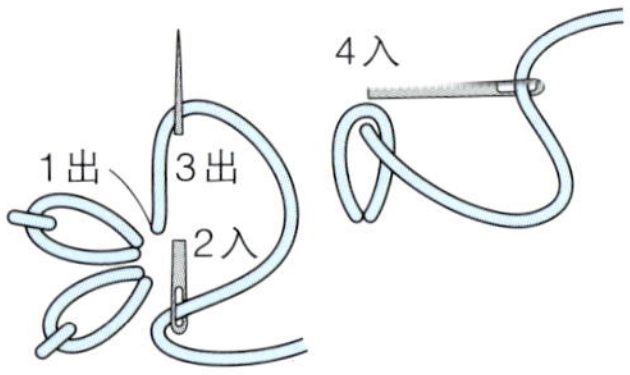

其他基础索引

刺绣线的使用方法…P4
Y的钩织方法（在上一行的中长针中织入1针中长针、1针中长针的正拉针）…P5
整针卷缝…P7
半针卷缝…P7
最终行的收紧方法…P58
圆形扣的拼接方法…P84

钩针日制针号换算表

日制针号	钩针直径	日制针号	钩针直径
2/0	2.0mm	8/0	5.0mm
3/0	2.3mm	10/0	6.0mm
4/0	2.5mm	0	1.75mm
5/0	3.0mm	2	1.50mm
6/0	3.5mm	4	1.25mm
7/0	4.0mm	6	1.00mm
7.5/0	4.5mm	8	0.90mm